U0175247

明日科技·编著

零基础学

Python GUI设计：

tkinter

·升级版·

LINGJICHUXUE

电子工业出版社
Publishing House of Electronics Industry
北京·BEIJING

内 容 简 介

本书以开发Python窗口程序常用的tkinter模块为主线，全面介绍了使用tkinter设计PythonGUI程序的各方面技术。全书共分为18章，包括搭建开发环境、tkinter与GUI、tkinter窗口设计、tkinter布局管理、文本类组件、按钮类组件、选择列表与滚动条、容器组件、消息组件与对话框、菜单组件、进度条组件、绘图组件、事件处理、数据库操作、文件操作、Python程序的打包发布、掷骰子游戏、学生成绩管理系统等内容。本书从用户学习与应用的角度出发，通过将知识点与实例结合的方式让读者学用结合，轻松理解；通过大量示意图和有趣应用，打造零压力学习的阅读氛围；利用两个实战项目将tkinter开发知识应用于实际项目中，以使读者亲身体验项目开发的全过程，轻松掌握使用tkinter进行PythonGUI应用开发的精髓，快速提高开发技能，拓宽职场道路；列举了大量的小型实例、综合实例和实战项目案例，所有实例和项目都提供了详细注释和源码，力求为读者打造一本"基础入门+应用开发+实战项目"一体化的Python tkinter开发图书。

本书内容详尽，实例丰富，项目经典，非常适合作为Python tkinter编程初学者的学习用书，也适合作为Python开发人员的参考资料。另外，对于从C++、C#、Java等编程语言转入Python的开发人员也有很高的参考价值。

图书在版编目（CIP）数据

零基础学Python GUI设计：tkinter：升级版 / 明日科技编著. —北京：电子工业出版社，2024.4
ISBN 978-7-121-47665-5

Ⅰ.①零… Ⅱ.①明… Ⅲ.①软件工具－程序设计Ⅳ.①TP311.561

中国国家版本馆CIP数据核字（2024）第074564号

责任编辑：张彦红
文字编辑：白　涛
印　　刷：中国电影出版社印刷厂
装　　订：三河市良远印务有限公司
出版发行：电子工业出版社
　　　　　北京市海淀区万寿路173信箱　邮编：100036
开　　本：880×1230　1/16　印张：15.5　字数：483.6千字
版　　次：2024年4月第1版
印　　次：2024年4月第1次印刷
定　　价：99.00元

凡所购买电子工业出版社图书有缺损问题，请向购买书店调换。若书店售缺，请与本社发行部联系，联系及邮购电话：（010）88254888，88258888。

质量投诉请发邮件至zlts@phei.com.cn，盗版侵权举报请发邮件至dbqq@phei.com.cn。

本书咨询联系方式：faq@phei.com.cn。

前　言

"零基础学"系列图书于 2017 年 8 月首次面世，该系列图书是国内全彩印刷的软件开发类图书的先行者，书中的代码颜色及程序效果与开发环境基本保持一致，真正做到让读者在看书学习与实际编码间无缝切换；而且因编写细致、易学实用及配备海量学习资源，在软件开发类图书市场上产生了很大反响。自出版以来，系列图书迄今已加印百余次，累计销量达 50 多万册，不仅深受广大程序员的喜爱，还被百余所高校选为计算机、软件等相关专业的教学参考用书。

"零基础学"系列图书升级版在继承前一版优点的基础上，将开发环境和工具更新为目前最新版本，并结合当前的市场需要，进一步对图书品种进行了增补，对相关内容进行了更新、优化，更适合读者学习。同时，为了方便教学使用，本系列图书全部提供配套教学 PPT 课件。另外，针对 AI 技术在软件开发领域，特别是在自动化测试、代码生成和优化等方面的应用，我们专门为本系列图书开发了一个微视频课程——"AI 辅助编程"，以帮助读者更好地学习编程。

升级版包括 10 本书：《零基础学 Python》（升级版）、《零基础学 C 语言》（升级版）、《零基础学 Java》（升级版）、《零基础学 C++》（升级版）、《零基础学 C#》（升级版）、《零基础学 Python 数据分析》（升级版）、《零基础学 Python GUI 设计：PyQt》（升级版）、《零基础学 Python GUI 设计：tkinter》（升级版）、《零基础学 SQL》（升级版）、《零基础学 Python 网络爬虫》（升级版）。

在大数据、人工智能应用越来越普遍的今天，Python 可以说是当下世界上最热门、应用最广泛的编程语言之一。tkinter 是 Python 的内置模块，它主要用于设计用户图形接口或者跨平台的窗口程序，开发人员可以使用此模块的组件让用户更便捷地与计算机"沟通"。Python 应用广泛，在人工智能、网络爬虫、数据分析、游戏、自动化运维等各个方面，无处不见其身影，但这些开发都需要界面来支撑。tkinter 作为 Python 内置的 GUI 开发库，无疑成了 Python 开发人员的必备基础。遗憾的是，市面上并没有一本真正指导新手学习 tkinter 的图书，于是本书应运而生！

本书内容

全书共分为 18 章，采用了"知识讲解 + 实例应用 + 实战项目"一体化的讲解模式，涵盖了 tkinter 从入门到实战项目开发所必备的各类知识。本书的知识结构如下图所示。

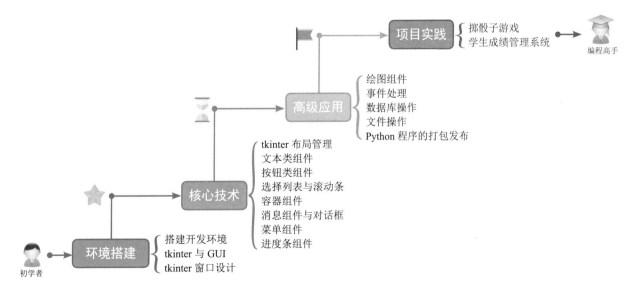

本书特色（如何使用本书）

☑ **书网合一——扫描书中的二维码，学习线上视频课程及拓展内容**

（1）视频讲解

（2）e 学码：关键知识点拓展阅读

☑ **源码提供——配套资源包中提供书中实例源码（扫描封底读者服务二维码获取）**

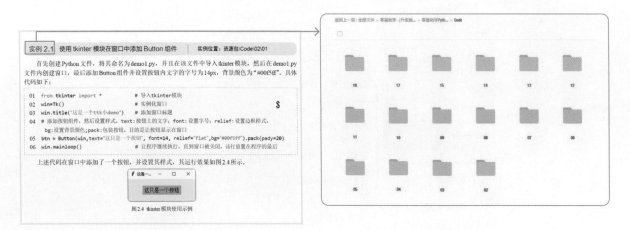

☑ AI 辅助编程——提供微视频课程，助你利用 AI 辅助编程

近几年，AI 技术已经被广泛应用于软件开发领域，特别是在自动化测试、代码生成和优化等方面。例如，AI 可以通过分析大量的代码库来识别常见的模式和结构，并根据这些模式和结构生成新的代码。此外，AI 还可以通过学习程序员的编程习惯和风格，提供更加个性化的建议和推荐。尽管 AI 尚不能完全取代程序员，但利用 AI 辅助编程，可以帮助程序员提高工作效率。本系列图书配套的"AI 辅助编程"微视频课程可以给读者一些启发。

☑ 全彩印刷——还原真实开发环境，让编程学习更轻松

4.3.2 relx，rely，relwidth 和 relheight

在实现实例4.9所布局的华容道游戏页面后可发现，当放大窗口时，华容道页面的右侧或者下侧就会显示空白区域，如图4.22所示。如果我们不希望有空白区域，而是希望窗口内的组件能够随窗口的缩放而进行缩放，那么可以使用relx，rely，relwidth和relheight参数。

图4.21 place()布局华容道游戏页面　　图4.22 放大窗口时，窗口右侧和下方显示空白

relx和rely可以设置组件相对于窗口的位置，其取值范围是0.0~1.0，可以理解为分别位于窗口水平位置和垂直距离的比例；relheight和relwidth设置组件的大小分别占窗口的比例。

☑ 作者答疑——每本书均配有"读者服务"微信群，作者会在群里解答读者的问题

☑ 海量资源——配有 Video、PPT 课件、Code、附赠资源等，即查即练，方便拓展学习

如何获得答疑支持和配套资源包

微信扫码回复：47665
- 加入读者交流群，获得作者答疑支持；
- 获得本书配套海量资源包。

读者对象

- ☑ Python 零基础用户
- ☑ 参加毕业设计的学生
- ☑ 大中专院校的老师和学生
- ☑ 由 C++、C#、Java 等编程语言转入 Python 的开发者
- ☑ Python 编程爱好者
- ☑ 相关培训机构的老师和学生
- ☑ 初、中级程序开发人员

  在编写本书的过程中，编者本着科学、严谨的态度，努力做到精益求精，但疏漏之处在所难免，敬请广大读者批评指正。

  感谢您阅读本书，希望本书能成为您编程路上的领航者。

编　者
2024 年 1 月

目 录
Contents

第**1**章

搭建开发环境

（ ▶ 视频讲解：50 分钟）

本章概览

    Python 是一种语法简洁、功能强大的编程语言，其应用方向非常广泛，而 GUI（图形用户界面）开发是 Python 开发的一个非常重要的方向。在讲解 GUI 之前，首先需要介绍 Python 的基本环境搭建。本章将具体介绍什么是 Python、PyCharm 的下载与安装，以及如何配置 Python 的环境变量。

知识框架

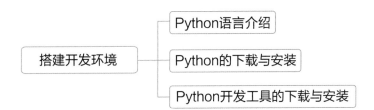

1.1 Python 语言介绍

📹 视频讲解：资源包\Video\01\1.1 Python语言介绍.mp4

1.1.1 了解 Python

Python，本义是指"蟒蛇"。1989 年，荷兰人 Guido van Rossum 发明了一种面向对象的解释型高级编程语言，将其命名为 Python，标志如图 1.1 所示。Python 的设计哲学为优雅、明确、简单，实际上，Python 始终贯彻着这一理念，以至于现在网络上流传着"人生苦短，我用 Python"的说法。可见，Python 有着简单、开发速度快、节省时间和容易学习等特点。

图 1.1 Python 的标志

Python 是一种扩充性强大的编程语言。它具有丰富和强大的库，能够把使用其他语言制作的各种模块（尤其是 C/C++）很轻松地联结在一起，所以 Python 常被称为"胶水"语言。

1991 年，Python 的第一个公开发行版问世。从 2004 年开始，其使用率呈线性增长，Python 逐渐受到编程者的欢迎和喜爱。最近几年，伴随着大数据和人工智能的快速发展，Python 语言越来越火爆，也越来越受到开发者的青睐，图 1.2 是截止到 2023 年 11 月最新一期的 TIBOE 编程语言排行榜，Python 稳定排在榜首。

Nov 2023	Nov 2022	Change	Programming Language	Ratings
1	1		Python	14.16%
2	2		C	11.77%
3	4	∧	C++	10.36%
4	3	∨	Java	8.35%
5	5		C#	7.65%

图 1.2 2023 年 11 月 TIBOE 编程语言排行榜

1.1.2 Python 的版本

Python 自发布以来，主要有三个版本：1994 年发布的 Python 1.x 版本（已过时）、2000 年发布的 Python 2.x 版本（到 2020 年 3 月更新到 2.7.17）和 2008 年发布的 3.x 版本（到 2023 年 11 月已经更新到 3.12.0）。

1.1.3 Python 的应用领域

Python 作为一种功能强大的编程语言，因其简单易学而受到很多开发者的青睐。那么，Python 的应用领域有哪些呢？概括起来主要有以下几个：

☑ Web 开发
☑ 大数据处理
☑ 人工智能

☑ 自动化运维开发
☑ 云计算
☑ 爬虫
☑ 游戏开发

例如，我们经常访问的集电影、读书、音乐于一体的创新型社区豆瓣网，国内著名网络问答社区知乎，国际上知名的游戏 Sid Meier's Civilization（文明）等都是使用 Python 开发的。

很多知名企业都将 Python 作为其项目开发的主要语言，比如世界上最大的搜索引擎 Google、世界上最大的视频网站 YouTube 和覆盖范围最广的社交网站 Facebook 等，如图 1.3 所示。

图 1.3　应用 Python 的公司

说明

Python 语言不仅可以应用到网络编程、游戏开发等领域，还可以在图形图像处理、智能机器人、数据爬取、自动化运维等多方面崭露头角，为开发者提供简约、优雅的编程体验。

1.2　Python 的下载与安装

1.2.1　Python 开发环境概述

Python 是跨平台的开发工具，可以在多种操作系统上使用，编写好的程序也可以在不同系统上运行。进行 Python 开发常用的操作系统及说明如表 1.1 所示。

表 1.1　进行 Python 开发常用的操作系统及说明

操 作 系 统	说　　明
Windows	推荐使用 Windows 10 及以上版本。Windows 7 及其之前的系统不支持安装 Python 3.9 及以上版本
macOS	从 Mac OS X 10.3（Panther）开始已经包含 Python
Linux	推荐 Ubuntu 版本

说明

在个人开发学习阶段推荐使用 Windows 操作系统，如果在 macOS 或者 Linux 系统上学习，请参见本书附录。

1.2.2　下载 Python

视 频 讲 解

▶ 视频讲解：资源包\Video\01\1.2.1 安装 Python.mp4

要进行 tkinter 程序开发，首先需要安装 Python，这里以 Python 3.12.0 为例介绍下载及安装 Python 的方法。

在 Python 的官方网站中可以很方便地下载 Python，具体下载步骤如下：

（1）打开浏览器（如 Google Chrome 浏览器），访问 Python 官方下载页面，如图 1.4 所示，该页面中默认显示的是适合 Windows 系统的最新 Python 版本，这里根据自己的系统选择下载相应的安装文件。

说明　Python 官网是一个国外的网站，加载速度比较慢，打开时耐心等待即可。

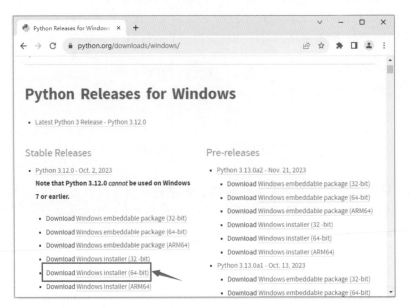

图 1.4　Python 官方下载方面

（2）由于笔者的操作系统为 Windows 10 64 位，所以单击 Python 3.12.0 版本下方的"Windows installer(64-bit)"超链接，下载适用于 Windows 64 位操作系统的离线安装包。

多学两招　由于 Python 官网是一个国外的网站，所以在下载 Python 时，下载速度会非常慢，这里推荐使用专用的下载工具进行下载（比如国内常用的迅雷软件），下载过程为：在要下载的超链接上单击鼠标右键，在弹出的快捷菜单中选择"复制链接地址"，如图 1.5 所示，然后打开下载软件，新建下载任务，将复制的链接地址粘贴进去进行下载。

图 1.5　复制 Python 的下载链接地址

（4）下载完成后，将得到一个名称为"python-3.12.0-amd64.exe"的安装文件。

1.2.3　安装Python

在 Windows 64 位系统上安装 Python 的步骤如下：

（1）双击下载后得到的安装文件python-3.12.0-amd64.exe，将显示安装向导对话框。选中"Add python.exe to PATH"复选框，表示将自动配置环境变量，如图1.6所示。

（2）单击"Customize installation"按钮，进行自定义安装，在弹出的安装选项对话框中采用默认设置，如图1.7所示。

图1.6　安装向导对话框　　　　　　　　　　　　图1.7　安装选项对话框

（3）单击"Next"按钮，打开高级选项对话框，该对话框中，除了默认设置，要手动选中"Install Python 3.12 for all users"复选框（表示使用这台计算机的所有用户都可以使用），然后单击"Browse"按钮设置Python的安装路径，如图1.8所示。

说明

在设置安装路径时，建议路径中不要有中文或空格，以避免使用过程中出现一些莫名的错误。

（4）单击"Install"按钮，开始安装Python，并显示安装进度，如图1.9所示。

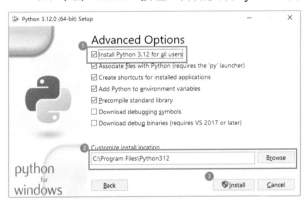

图1.8　高级选项对话框　　　　　　　　　　　图1.9　显示Python的安装进度

（5）安装完成后将显示如图1.10所示的安装完成对话框，首先单击"Disable path length limit"，该选项用来禁用路径长度限制，然后单击"Close"按钮即可。

图 1.10 安装完成对话框

1.2.4 测试 Python 是否安装成功

Python 安装完成后，需要测试 Python 是否成功安装。例如，在 Windows 10 系统中检测 Python 是否安装成功，可以单击开始菜单右侧的"搜索"文本框，在其中输入 cmd 命令，如图 1.11 所示，按下 <Enter> 键，启动命令提示符窗口；在当前的命令提示符后面输入"python"，按下 <Enter> 键，如果出现如图 1.12 所示的信息，则说明 Python 安装成功，同时系统进入交互式 Python 解释器中。

图 1.11 输入 cmd 命令

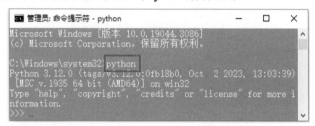

图 1.12 在命令行窗口中运行的 Python 解释器

说明

图 1.12 中的信息是笔者电脑中安装的 Python 的相关信息：Python 的版本、该版本发行的时间、安装包的类型等。因为选择的版本不同，这些信息可能会有所差异，但命令提示符变为">>>"即说明 Python 已经安装成功，正在等待用户输入 Python 命令。

1.2.5 Python 安装失败的解决方法

视频讲解

📺 视频讲解：资源包\Video\01\1.2.2 Python安装失败的解决办法.mp4

如果在命令提示符窗口中输入"python"后，没有出现如图 1.12 所示信息，而是显示"'python' 不是内部或外部命令，也不是可运行的程序或批处理文件。"，如图 1.13 所示，则是因为在安装 Python 时，没有选中"Add python.exe to PATH"复选框，导致系统找不到 python.exe 可执行文件。

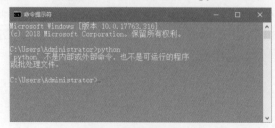

图 1.13 输入"python"命令后出错

这时，就需要手动在环境变量中配置 Python 环境变量，具体步骤如下：

（1）在"此电脑"图标上单击鼠标右键，然后在弹出的快捷菜单中选择"属性"命令，并在弹出的对话框左侧单击"高级系统设置"，在弹出的"系统属性"对话框中，单击"环境变量"按钮，弹出"环境变量"对话框，在该对话框下半部分的"系统变量"区域选中"Path"变量，然后单击"编辑"按钮，如图 1.14 所示。

图 1.14　"环境变量"对话框

图 1.15　配置 Python 的环境变量

（3）在弹出的"编辑系统变量"对话框中，通过单击"新建"按钮，添加两个环境变量，这两个环境变量的值分别是"C:\Program Files\Python312\"和"C:\Program Files\Python312\Scripts\"（这是笔者的 Python 安装路径，读者可以根据自身实际情况进行修改），如图 1.15 所示。添加完环境变量后，选中添加的环境变量，通过单击对话框右侧的"上移"按钮，可以将其移动到最上方，单击"确定"按钮完成环境变量的配置。

配置完成后，重新打开命令提示符窗口，输入 python 命令测试即可。

1.3　PyCharm 开发工具的下载与安装

PyCharm 是由 JetBrains 公司开发的一款 Python 开发工具，在 Windows、macOS 和 Linux 操作系统中都可以使用。它具有语法高亮显示、项目管理、代码跳转、智能提示、自动完成、调试、单元测试和版本控制等功能。使用 PyCharm 可以大大提高 Python 项目的开发效率，本节将对 PyCharm 开发工具的下载与安装进行详细讲解。

1.3.1　下载 PyCharm

视频讲解

▶ 视频讲解：资源包\Video\01\1.3.1　PyCharm 开发工具的下载与安装.mp4

PyCharm 的下载非常简单，可以直接到 JetBrains 公司官网下载，在浏览器中打开 PyCharm 开发工具的官方下载页面，该页面中首屏默认显示的是 PyCharm 专业版下载链接。向下拖动滚动条，找到 PyCharm 的免费社区版下载链接，单击"下载"按钮即可，如图 1.16 所示。

图1.16 PyCharm官方下载页面

PyCharm 有两个版本，一个是社区版（免费并且提供源程序），另一个是专业版（免费试用，正式使用需要付费）。建议读者下载免费的社区版本进行使用。

下载完成后的 PyCharm 安装文件如图1.17所示。

图1.17 下载完成后的 PyCharm 安装文件

笔者在下载 PyCharm 开发工具时，最新版本是 2023.2.5 版本，该版本随时可能更新，读者在下载时，不用关注具体版本，只要下载官方提供的最新版本即可。

1.3.2 安装PyCharm

安装PyCharm的步骤如下：

（1）双击 PyCharm 安装包进行安装，在欢迎界面单击"Next"按钮进入软件安装路径设置界面。

（2）在软件安装路径设置界面，设置合理的安装路径。强烈建议不要把软件安装到操作系统所在分区，否则当出现操作系统崩溃等特殊情况而必须重做系统时，PyCharm程序将被破坏。PyCharm默认的安装路径为操作系统所在的分区，建议更改。另外，安装路径中建议不要包含中文和空格。如图1.18所示，单击"Next"按钮，进入创建桌面快捷方式界面。

（3）在创建桌面快捷方式界面（Create Desktop Shortcut）中设置PyCharm程序的快捷方式；接下来设置关联文件（Create Associations），勾选".py"左侧的复选框，这样以后再打开.py（.py文件是Python脚本文件）文件时，会默认调用PyCharm打开；选中"Add "bin" folder to the PATH"复选框，如图1.19所示。

图1.18 设置PyCharm安装路径

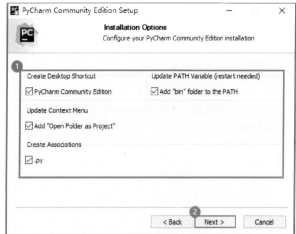

图1.19 设置快捷方式和关联文件

（4）单击"Next"按钮，进入选择开始菜单文件夹界面，该界面不用设置，保持默认设置即可，单击"Install"按钮（安装大概需要8分钟，请耐心等待），如图1.20所示。

（5）安装完成后，单击"Finish"按钮，完成PyCharm开发工具的安装，如图1.21所示。

图1.20 选择开始菜单文件夹界面

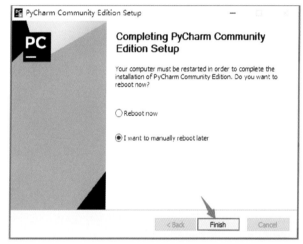

图1.21 完成PyCharm的安装

1.3.3 启动并配置PyCharm

视频讲解：资源包\Video\01\1.3.2 配置PyCharm.mp4

启动并配置PyCharm开发工具的步骤如下：

（1）PyCharm安装完成后，会在开始菜单中建立一个快捷菜单，如图1.22所示，单击"PyCharm Community Edition 2023.2.5"，即可启动PyCharm程序。另外，还会在桌面创建一个"PyCharm Community Edition 2023.2.5"快捷方式，如图1.23所示，双击该快捷方式，同样可以启动PyCharm。

图1.22 PyCharm菜单

图1.23 PyCharm桌面快捷方式

（2）启动 PyCharm 程序后，进入阅读协议界面，选中"I confirm that I have read and accept the terms of this User Agreement"复选框，接受 PyCharm 协议，单击"Continue"按钮，如图 1.24 所示。

（3）进入 PyCharm 欢迎界面，单击"New Project"，创建一个 Python 项目，如图 1.25 所示。

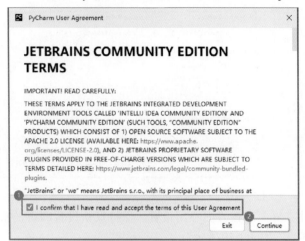

图 1.24 接受 PyCharm 协议

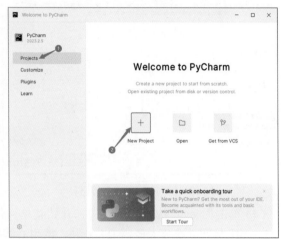

图 1.25 PyCharm 欢迎界面

（4）在第一次创建 Python 项目时，需要设置项目路径及虚拟环境路径，这里需要注意的是，设置的虚拟环境的"Base interpreter"应该是 python.exe 文件的地址，设置过程如图 1.26 所示。

说明

创建工程文件前，必须保证已经安装了 Python，否则创建 PyCharm 项目时会出现 "Interpreter field is empty." 提示，"Create"按钮不可用。另外，创建工程文件时，路径中建议不要有中文。

（5）设置完成后，单击"Create"按钮，即可进入 PyCharm 开发工具的主窗口，效果如图 1.27 所示。

图 1.26 设置项目路径及虚拟环境路径

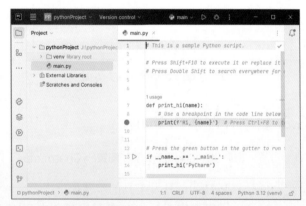

图 1.27 PyCharm 开发工具的主窗口

本章 e 学码：关键知识点拓展阅读

安装路径	环境变量	命令行窗口
单元测试	脚本文件	虚拟环境
关联文件	解释器	

e 学码

第2章

tkinter 与 GUI

（ ▶ 视频讲解：13 分钟）

本章概览

本章主要介绍tkinter模块与GUI的基础知识，GUI是图形用户界面，其特点是简洁、直观和高效，因而深受人们欢迎，而tkinter模块是Python中的模块，用于设计图形用户界面及跨平台的窗口应用程序。ttk模块是tkinter模块的一个子模块，其在tkinter模块的基础上新增了一些组件，并且对tkinter模块中的组件应用了Windows默认的主题风格。本章最后会通过两个实例来演示tkinter模块中的组件与ttk模块中的组件在代码及样式效果上的区别。

知识框架

2.1 GUI简介

▶ 视频讲解：资源包\Video\02\2.1 GUI简介.mp4

　　GUI（Graphical user interface），即图形用户界面，又称图形用户接口，它是采用图形方式显示的计算机操作用户界面。早期人们与计算机沟通通过键盘输入文字或者字符命令来完成，例如Windows系统的命令提示符窗口等。而图形用户界面允许用户通过鼠标等设备操纵屏幕上的图标或者菜单选项来选择命令、启动程序或者执行其他任务。所以与早期的输入文字和输入字符命令的方式相比，图形用户界面更加简洁、直观和高效。

　　图形用户界面的广泛应用是计算机发展的重大成就之一。有了图形用户界面，人们不再需要死记硬背大量的命令，而是可以通过窗口、菜单、按钮等方式进行方便的操作。例如，Windows系统中设置系统属性及设置日期和时间等窗口都应用了GUI，如图2.1所示。

图2.1 GUI应用示例

2.2 tkinter简介

▶ 视频讲解：资源包\Video\02\2.2 tkinter简介.mp4

　　tkinter是使用Python进行窗口设计的模块，是Python的标准Tk GUI工具包的接口，在安装Python时，该模块就被自动安装了。通过使用tkinter模块可以实现很多直观的功能，比如计算器、设置时间、游戏窗口等。

　　大家小时候大概都玩过积木，玩积木时，通过将不同形状的积木进行一定的排列，就可以组成各种造型。这些积木就类似于tkinter模块中的组件（Widget），这些组件的功能各不相同，我们在使用tkinter时，实际上就是将这些组件"拼接"在窗口中。例如，使用Python中的tkinter模块实现的简易密码输入器的效果如图2.2所示，该窗口由一个Entry组件和12个Button组件构成，并且左下方的后退按钮和右下方的确认按钮上显示的为图片。

图2.2 简易密码输入器

虽然Python中含有tkinter模块，但是我们使用时也不能直接使用，而是需要在 .py 文件中先导入该模块，具体导入模块的代码如下：

```
from tkinter import *
```

说明

在 Python 2.x 版本中该模块名为 Tkinter，而在 Python 3.x 中，该模块被正式更名为 tkinter。本书使用的 Python 为 3.8.2 版本，所以导入模块时应该导入 "tkinter"。

注意

为 .py 文件命名时，不要起名为 Tkinter 或者 tkinter，否则导入模块会失败，运行程序时，就会出现如图 2.3 所示的错误。

```
D:\soft\python\soft\python.exe D:/soft/python/demo/code/tkinter.py
Traceback (most recent call last):
  File "D:/soft/python/demo/code/tkinter.py", line 7, in <module>
    from tkinter import *
  File "D:/soft/python/demo/code/tkinter.py", line 9, in <module>
    win=Tk()
NameError: name 'Tk' is not defined
```
 错误信息

图2.3 文件命名导致的错误

2.3 tkinter 模块与 ttk 模块的比较

视频讲解：资源包\Video\02\2.3 tkinter模块与ttk模块的比较.mp4

ttk 模块是tkinter模块中一个非常重要的子模块，它相当于升级版的tkinter模块。虽然tkinter模块中已经含有较多的组件，但是这些组件样式比较简单，为了弥补这一缺点，tkinter模块后来引入了ttk子模块。

虽然ttk模块是tkinter模块的子模块，但是它们的差别还是比较大的，具体可以从以下三方面来对比。

☑ 组件的数量不同

ttk 模块中共包含18个组件，其中有12个组件在tkinter模块中已经存在，这12个组件分别是Button（按钮）、Checkbutton（复选框）、Entry（文本框）、Frame（容器）、Label（标签）、LabelFrame（标签容器）、Menu（菜单）、PaneWindow（窗口布局管理）、Radiobutton（单选按钮）、Scale（数值范围）、Spinbox（含选择值的输入框）及Scrollbar（滚动条）组件。而其余6个组件是ttk模块独有的，它们分别是Combobox（组合框）、Notebook（选项卡）、Progressbar（进度条）、Separator（水平线）、Sizegrip（成长箱）和Treeview（目录树）。总的来说，tkinter模块中有的组件，ttk模块都有，反之则不然。

13

☑ 组件的风格不同

tkinter 模块中的组件均采用 Windows 经典主题风格；而 ttk 模块中的组件均采用 Windows 默认主题风格。

☑ 为组件定义样式的方法不同

目前 ttk 模块中的组件兼容性不是很好，例如，tkinter 模块为组件设置背景色（bg）、前景色（fg）等参数在 ttk 模块中并不支持。设置 ttk 模块中组件的样式可以使用 ttk.Style 类来实现。

添加 ttk 模块中的组件之前同样需要导入 ttk 模块，具体代码如下：

```
from tkinter.ttk import *
```

如果希望使用 ttk 模块中的组件样式覆盖 tkinter 模块中的组件样式，则需要通过以下方式导入：

```
01  from tkinter import *              # 导入tkinter模块
02  from tkinter.ttk import *          # 导入ttk模块
```

下面通过两个实例来对比使用 tkinter 模块中的组件与使用 ttk 模块中的组件在代码及样式设置上的区别。

实例 2.1　使用 tkinter 模块在窗口中添加 Button 组件　　实例位置：资源包\Code\02\01

首先创建 Python 文件，将其命名为 demo1.py，并且在该文件中导入 tkinter 模块，然后在 demo1.py 文件内创建窗口，最后添加 Button 组件并设置按钮内文字的字号为"14px"，背景颜色为"#00f5ff"。具体代码如下：

```
01  from tkinter import *              # 导入tkinter模块
02  win=Tk()                           # 实例化窗口
03  win.title("这是一个ttk小demo")      # 添加窗口标题
04  # 添加按钮组件，然后设置样式，text:按钮上的文字；font:设置字号；relief:设置边框样式；
    # bg:设置背景色;pack:包装按钮,目的是让按钮显示在窗口中
05  btn = Button(win,text="这只是一个按钮", font=14, relief="flat",bg="#00f5ff").pack(pady=20)
06  win.mainloop()                     # 让程序继续执行，直到窗口被关闭，该行放置在程序的最后
```

上述代码在窗口中添加了一个按钮，并设置其样式，运行效果如图 2.4 所示。

图 2.4　tkinter 模块使用示例

实例 2.2　使用 ttk 模块在窗口中添加 Button 组件　　实例位置：资源包\Code\02\02

在窗口中添加一个 ttk 模块的 Button 组件，并且设置与实例 2.1 相同的样式。首先，创建 Python 文件，命名为 demo2.py，然后在该文件中导入 tkinter 模块和 ttk 模块，最后添加组件并设置样式。具体代码如下：

```
01  from tkinter import *              # 导入tkinter模块
02  from tkinter.ttk import *          # 导入ttk模块
03  root = Tk()                        # 创建根窗口
04  root.title("这是一个ttk小demo")     # 设置窗口标题
05  style=Style()                      # 创建Style对象，便于设置样式
06  # 设置样式，其四个参数分别为样式添加标签、设置字号、设置组件的边框样式、设置背景色
07  style.configure("TButton", font=14, relief="flat",background="#00f5ff")
08  # 添加Button组件，text定义组件上的文字，style为组件引入样式
09  btn = ttk.Button(text="这只是一个按钮",style="TButton").pack(pady=20)
10  root.mainloop()                    # 让程序继续执行，直到窗口被关闭，该行放置在程序的最后
```

其运行效果如图2.5所示。

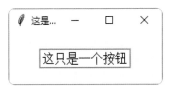

图2.5 ttk模块使用示例

通过两个实例的对比，可以看到，设置tkinter模块中的组件的样式，可以直接在组件上添加"bg" "font"等参数，而在ttk模块中添加组件样式时，需要通过Style对象添加。

本章 e 学码：关键知识点拓展阅读

pack()   前景颜色
pady   组件
模块

e 学码

第 **3** 章

tkinter 窗口设计

（ ▶ 视频讲解：43 分钟）

　　tkinter 窗口，也被称作"容器"，因为 tkinter 模块的所有组件及 ttk 模块的组件都被放置在 tkinter 窗口中。本章将介绍 tkinter 窗口的创建及相关属性的应用。

知识框架

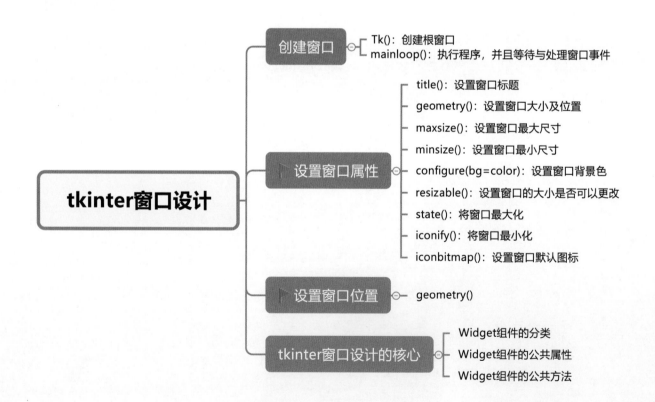

3.1 创建窗口

📹 视频讲解：资源包\Video\03\3.1 创建窗口.mp4

前面介绍过tkinter模块中的组件相当于一块块积木，而将各种"积木"进行排列组合时，需要为其定义父容器并且定义其在父容器中的位置，这样，这些"积木"才会显示出来。而这个父容器可以是其他组件，也可以是根窗口，接下来介绍如何创建根窗口。

创建窗口，需要实例化Tk()方法，然后通过mainloop()方法让程序等待与处理窗口事件，直到窗口被关闭。例如，下面代码就可以创建一个空白窗口。

```
01  from tkinter import *
02  win = Tk()          # 通过Tk()方法创建一个根窗口
03  win.mainloop()      # 等待与处理窗口事件
```

上面代码的运行效果如图3.1所示。该窗口的大小为默认大小，用户可以借助鼠标拖动窗口和改变窗口大小。其左上角的"羽毛"是窗口的默认图标，"羽毛"右边的"tk"是窗口的默认标题。单击右侧的按钮可以最小化、最大化及关闭该窗口。

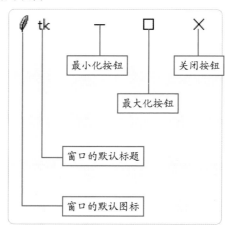

图3.1 创建一个空白窗口

说明

mainloop() 方法可以让程序循环执行，并且等待与处理事件。实际上，可以将窗口中的组件理解为一部连环画，而 mainloop() 方法的作用是负责监听各个组件，当组件发生变化，或者触发事件时，立即更新窗口。

3.2 设置窗口属性

📹 视频讲解：资源包\Video\03\3.2 设置窗口属性.mp4

创建了窗口以后，我们可以通过一系列方法设置窗口样式，包括窗口大小、背景等。设置窗口样式的方法及其含义如表3.1所示。

表3.1 设置窗口样式的方法及其含义

方　法	含　义
title()	设置窗口的标题

方 法	含 义
geometry("widthxheight")	设置窗口的大小及位置，width 和 height 分别为窗口的宽度和高度，单位为像素
maxsize()	设置窗口的最大尺寸
minsize()	设置窗口的最小尺寸
configure(bg=color)	设置窗口的背景色
resizable(True,True)	设置窗口大小是否可更改，第一个参数表示是否可以更改宽度，第二个参数表示是否可以更改高度，值为 True（或 1）表示可以更改宽度或高度，若为 False（或 0）表示不可以更改宽度或高度
state("zoomed")	将窗口最大化
iconify()	将窗口最小化
iconbitmap()	设置窗口的默认图标

下面通过两个实例演示上述部分方法的使用。

实例 3.1　为窗口添加标题 | 实例位置：资源包\Code\03\01

首先创建 .py 文件，然后在其中添加窗口，并且设置窗口的标题为"tkinter 的初级使用"。具体代码如下：

```
01  from tkinter import *
02  win=Tk()
03  win.title("tkinter的初级使用")              # 添加窗口标题
04  txt=Label(win,text="\n\ngame over\n\n").pack()  # 在窗口中添加一行文字
05  win.mainloop()
```

运行效果如图 3.2 所示。

图 3.2　为窗口添加标题

实例 3.1 只是一个初步示例，告诉大家如何设置窗口属性，接下来通过一个实例综合展示表 3.1 所示方法。

实例 3.2　设置窗口样式 | 实例位置：资源包\Code\03\02

设置窗口的标题、背景色及初始大小，并且在窗口中添加一副对联。具体代码如下：

```
01  from tkinter import *
02  win=Tk()
03  win.title("tkinter的基本属性")              # 窗口的标题
04  win.geometry("300x150")                     # 窗口的大小
05  win.configure(bg="yellow")                  # 窗口的背景色
```

```
06   win.maxsize(500,500)                          # 设置窗口的最大尺寸
07   couple="\n\n上联：足不出户一台电脑打天下\n\n下联：窝宅在家一双巧手定乾坤\n\n横批：量我风采"
08   txt=Label(win,text=couple,bg="#yellow").pack()  # 在窗口中添加一行文字
09   win.mainloop()
```

运行效果如图3.3所示。

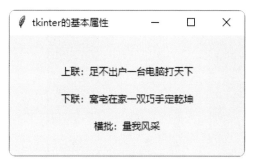

图3.3　设置窗口样式

注意　实例 3.2 的代码第 4 行设置窗口大小时，width 和 height 参数之间为小写字母 "x"，大家注意不要写错了。

3.3 设置窗口位置

📹 视频讲解：资源包\Video\03\3.3 设置窗口位置.mp4

视频讲解

表3.1中介绍了如何使用geometry()方法设置窗口的大小，除此之外，该方法还可以设置窗口的位置。设置窗口位置有以下两种方法：

☑ 方法一：将窗口设置在相对于屏幕左上角的位置，具体语法如下：

```
win.geometry("300x300+x+y")                       # 设置窗口位置
```

在上面的语法中，"+x"表示窗口左侧与屏幕左侧的距离为x；"+y"表示窗口顶部与屏幕顶部的距离为y，读者也可以将x和y理解为窗口左上角的顶点坐标，具体如图3.4所示。

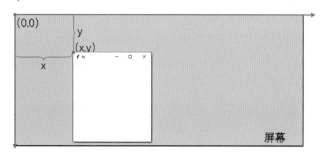

图3.4　将窗口设置在相对于屏幕左上角的位置

例如，设置窗口紧贴屏幕的左上角，其代码如下：

```
win.geometry("300x300+0+0")                       # 此时窗口的左上角顶点为(0,0)
```

☑ 方法二：将窗口设置在相对于屏幕右下角的位置。

第二种方法与第一种方法类似，只不过，此时窗口位置是相对于屏幕右下角来设置的，我们可以将x和y理解为窗口右下角的顶点坐标，"-x"表示窗口右侧与屏幕右侧的距离为x；"-y"表示窗口底部与屏幕底部的距离为y，如图3.5所示。其语法如下：

```
win.geometry("300x300-x-y")                              # 设置窗口位置
```

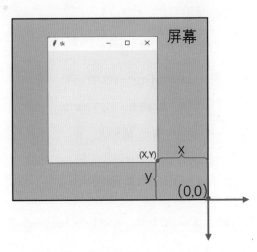

图3.5 将窗口设置在相对于屏幕右下角的位置

同样，如果设置窗口紧贴屏幕右下角显示，其代码如下：

```
win.geometry("300x300-0-0")                              # 设置紧贴屏幕右下角显示
```

接下来通过实例来演示如何设置窗口位置。

实例3.3 设置窗口大小及位置	实例位置：资源包\Code\03\03

设置窗口的大小为300像素×220像素，并且在屏幕中居中显示。具体代码如下：

```
01  from tkinter import *
02  win=Tk()
03  win.title("tkinter的窗口的位置")              # 窗口的标题
04  win.configure(bg="#a7ea90")                  # 窗口的背景色
05  winw=300                                      # 窗口的宽度
06  winh=220                                      # 窗口的高度
07  scrw=win.winfo_screenwidth()                 # 获取屏幕的宽度
08  scrh=win.winfo_screenheight()                # 获取屏幕的高度
09  x=(scrw-winw)/2                  # 计算窗口的水平位置，方法为：(屏幕宽度-窗口宽度)/2
10  y=(scrh-winh)/2                  # 计算窗口的垂直位置，方法为：(屏幕高度-窗口高度)/2
11  win.geometry("%dx%d+%d+%d" %(winw,winh,x,y))  # 设置窗口大小和位置
12  str="\n\n程序员鄙视链\n\n一等码农搞算法，吃香喝辣调调参\n\n二等码农搞架构，高并低延能吹牛\n\n
    三等码农搞工程，怼天怼地怼PM\n\n四等码农搞前端，浮层像素老黄牛"
13  txt=Label(win,text=str,bg="#a7ea90").pack()
14  win.mainloop()
```

上述代码中通过变量定义了窗口的宽度和高度，然后获取了屏幕的宽度和高度，最后计算出窗口的位置。运行效果如图3.6所示。

图3.6　设置窗口在屏幕中央显示

3.4　tkinter 窗口设计的核心

3.4.1　Widget组件的分类

视频讲解

▶ 视频讲解：资源包\Video\03\3.4.1　Widget组件的分类.mp4

　　Widget的意思是组件，组件是tkinter模块的核心，窗口中的按钮、文字等内容都属于组件。tkinter模块和ttk模块中包含了多种组件，本书按照各组件的功能将其分为7类，具体如表3.2所示。

表3.2　Widget组件的分类

类　型	包含的组件
文本类组件	☐ Label：标签组件。主要用于显示文本，添加提示信息等 ☐ Entry：单行文本组件。只能添加单行文本，文本较多时不能换行显示 ☐ Text：多行文本组件。可以添加多行文本，文本较多时可以换行显示 ☐ Spinbox：输入组件。可以理解为列表框与单行文本的组合体，因为该组件既可以输入内容，也可以直接从现有的选项中选择内容 ☐ Scale：数字范围组件。该组件可以供用户拖动滑块选择数值，类似于HTML5表单中的range
按钮类组件	☐ Button：按钮组件。通过单击按钮可以执行某些操作 ☐ Radiobutton：单选框组件。允许用户在众多选项中选中一个 ☐ Checkbutton：复选框组件。允许用户多选
选择列表类组件	☐ Listbox：列表框组件。将众多选项整齐排列，供用户选择 ☐ Scrollbar：滚动条组件。可以绑定其他组件，当其他组件内容溢出时显示滚动条 ☐ OptionMenu：下拉列表 ☐ Combobox：组合框。ttk模块中新增的组件。其功能与下拉列表类似，但是样式有所不同
容器类组件	☐ Frame：框架组件。用于将相关的组件放置在一起，以便于管理 ☐ LabelFrame：标签框架组件。将相关的组件放置在一起，并给它们一个特定的名称 ☐ Toplevel：顶层窗口。重新打开一个窗口，该窗口显示在根窗口的上方 ☐ PaneWindow：窗口布局管理。通过该组件可以手动修改其子组件的大小 ☐ Notebook：选项卡。选择不同的内容，窗口中可显示对应的内容

续表

类　型	包含的组件
会话类组件	☐ Message：消息框。为用户显示一些短消息，与 Label 类似，但是比 Label 更灵活 ☐ Messagebox：对话框。提供了 8 种不同场景的对话框
菜单类组件	☐ Menu：菜单组件。可以为窗口添加菜单项及二级菜单 ☐ Toolbar：工具栏。为窗口添加工具栏 ☐ Treeview：树菜单
进度条组件	☐ Progressbar：添加进度条

3.4.2　Widget 组件的公共属性

📹 视频讲解：资源包\Video\03\3.4.2 Widget组件的公共属性.mp4

虽然 tkinter 模块中提供了众多组件，且每个组件都有各自的属性，但有些属性是各组件通用的，表 3.3 中列举了各组件的公共属性及其含义。

表 3.3　Widget 组件的公共属性及其含义

属　性	含　义
foreground 或 fg	设置组件中文字的颜色
background 或 bg	设置组件的背景色
width	设置组件的宽度
height	设置组件的高度
anchor	设置文字在组件内输出的位置，默认为 center（水平、垂直方向都居中）
padx	设置组件的水平间距
pady	设置组件的垂直间距
font	设置组件的文字样式
relief	设置组件的边框样式
cursor	设置鼠标悬停在组件上时的样式

下面对 Widget 组件的常用属性用法进行讲解。

☑ foreground（fg）和 background（bg）用于设置组件的前景色（文字颜色）和背景色

这两个属性分别用于添加前景色和背景色，其属性值可以是表示颜色的英文单词，也可以是十六进制的颜色值。例如，下面的代码将 Label 组件的文字颜色设置为红色，背景色设置为蓝色（十六进制值 "#C3DEEF"）。

实例 3.4　指定窗口大小及文字的样式	实例位置：资源包\Code\03\04

设置窗口的大小、文字的颜色及背景色。具体代码如下：

```
01  from tkinter import *
02  win=Tk()
03  win.geometry("300x200")
04  Label(win,text="小扣柴扉久不开",foreground="red",background="#C3DEEF").pack()
05  win.mainloop()
```

设置颜色后的效果如图3.7所示。

图3.7 设置窗口大小和文字的样式

如果将上述代码的第4行修改成以下代码，然后运行本程序，其效果依然不变。

```
Label(win,text="小扣柴扉久不开",fg="red",bg="#C3DEEF").pack()
```

☑ width和height用于设置组件的宽度和高度

tkinter模块中大多数组件都可以通过width和height分别设置宽度和高度，设置大部分组件的大小时，单位为像素，但是也有部分组件单位为文字的行，例如Label组件，下面对其用法进行演示。以实例3.4为例，设置Label组件的宽度为20，高度为3，这里只需要对实例3.4的第4行代码进行修改，修改后的代码如下：

```
Label(win,text="小扣柴扉久不开",fg="red",bg="#C3DEEF",width=20,height=3).pack()
```

运行效果如图3.8所示。

☑ anchor用于设置文字在组件内的位置

当组件的空间足够时，默认情况下，文字在组件中居中显示。如果我们希望文字显示在别的位置，就需要使用anchor属性，具体的属性值及其设置的文字位置如图3.9所示。

例如将文字设置在组件的左上角，只需对实例3.4的第4行代码进行修改即可，修改后的代码如下：

```
Label(win,text="小扣柴扉久不开",fg="red",bg="#C3DEEF",width=20,height=3,anchor="nw").pack()
```

运行效果如图3.10所示。

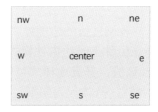

图3.8 设置组件的宽度和高度　　　　图3.9 anchor属性值　　　　图3.10 设置文字在组件内的位置

说明　设置组件的 anchor 属性时，如果属性值为小写，需要加引号，否则可以不用加引号，例如，上面代码中的 anchor="nw" 也可以更改为 anchor=NW。

☑ padx和pady用于设置组件的间距

padx和pady用于设置文字与组件边缘的间距。通常，如果没有为组件设置大小和间距，组件的大小应该适应内容；如果设置了间距，那么无论标签里的内容有多少，里面的内容始终能够与标签边缘保持距离。具体示例如下。

将实例3.4中窗口的宽度与高度去掉（去掉实例3.4中第3行代码），然后设置其水平间距为20像素，垂直间距为10像素，需要将实例3.4中第4行代码修改为以下代码：

```
Label(win,text="小扣柴扉久不开",fg="red",bg="#C3DEEF",padx=20,pady=10).pack()
```

运行效果如图3.11所示。

☑ font用于设置文字属性

font可以设置标签中文字相关的属性，具体参数及其含义如表3.4所示。

表3.4 font属性的参数及其含义

参　　数	含　　义
size	设置字号，单位为px
family	设置字体，如Times
weight	设置文字粗细，如bold
slant	设置斜体，如italic
underline	添加下画线，值为True或者False
overstrike	添加删除线，值为True或者False

表3.4列举的font的参数在使用时并非缺一不可，读者按需要设置即可。例如将文字设置为字体华文新魏、大小为16px、文字加粗的形式，其代码如下：

说明

```
Label(win,text="小扣柴扉久不开",fg="red",bg="#C3DEEF",font="华文新魏 16 bold").pack()
```

其效果如图3.12所示。

图3.11 设置组件的间距

图3.12 设置文字属性

☑ relief用于设置组件的边框样式

组件的边框属性主要有6个属性值，各属性值的边框样式如图3.13所示。

☑ cursor用于设置当鼠标指针悬停在组件上时的指针样式

因为各系统的不同，所以同样的参数值，其表现样式可能会略有差异。例如，实现当鼠标指针悬停在Label组件上时，其形状变为蜘蛛样式，具体代码如下：

```
01  from tkinter import *
02  win=Tk()
03  label=Label(win,bg="#63A4EB",relief="groove",cursor="spider",width="30",height=2)
04  label.pack(padx=5,pady=5,side=LEFT)
05  win.mainloop()
```

运行效果如图3.14所示。

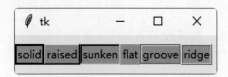

图3.13 relief属性各属性值的边框样式

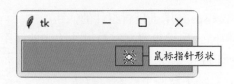

图3.14 鼠标指针悬停在组件上时为蜘蛛样式

实例 3.5　在窗口中显示充值成功后获得的道具　　实例位置：资源包\Code\08\01

在窗口中显示"充值成功"信息提示，并且将"充值成功"设置为字号18像素、加粗显示的样式，将获得的道具信息设置为红色样式。具体代码如下：

```
01  from tkinter import *
02  win=Tk()
03  win.title("充值成功")
04  win.geometry("300x240")
05  str="1. 一级VIP30天\n\n2. 每天额外赠送300金币7天\n\n3. 全英雄限免30天\n"
06  text=Label(win,text="\n充值成功!",font="Times 18 bold").pack()
07  text1=Label(win,text="\n恭喜获得：\n",font="16").pack(anchor=W,padx=45)
08  text2=Label(win,text=str,font="18",fg="red",justify="left").pack()
09  win.mainloop()
```

运行效果如图3.15所示。

3.4.3 Widget组件的公共方法

视频讲解：资源包\Video\03\3.4.3 Widget的公共方法.mp4

同样，Widget组件中也有一些方法是各组件通用的，常用的方法有以下两种。

☑ config()：为组件配置参数。
☑ keys()：获取组件的所有参数，并返回一个列表。

前面都是在组件中直接设置其属性的，除此之外，也可以通过config()配置参数。例如，下面代码就是通过config()方法设置Label组件的前景色、背景色及字号的。具体代码如下：

```
01  from tkinter import *
02  win=Tk()
03  label=Label(win,text="上拜图灵只佑服务可用\n\n下跪关公但求永不宕机\n\n风调码顺")
04  label.config(bg="#DEF1EF",fg="red",font=14)
05  label.pack()
06  win.mainloop()
```

运行效果如图3.16所示。

图3.15 充值成功提示

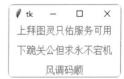

图3.16 config()方法的使用

本章 e 学码：关键知识点拓展阅读

anchor 属性	工具栏	树菜单
pixel	列表菜单	下拉列表
根窗口		

第**4**章

tkinter 布局管理

（ ▶ 视频讲解：42 分钟）

本章概览

前面我们把组件比作积木，本章将要讲解的是，如何将积木放置在我们所希望的位置，即将组件放置在窗口的指定位置。这主要通过 tkinter 模块的布局管理实现，主要有三种方法，分别是 pack() 方法、grid() 方法及 place() 方法。

知识框架

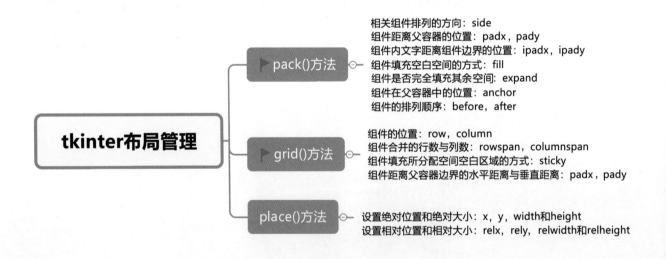

4.1 pack() 方法

pack() 方法是比较常用的组件布局方法之一，其语法如下：

```
widget.pack(options)
```

上面语法中 widget 为需要布局的组件，options 为 pack() 方法的相关参数。

4.1.1 pack() 方法的参数总览

视频讲解

🎬 视频讲解：资源包\Video\04\4.1.1 pack() 方法中的参数总览.mp4

pack() 方法的参数及其含义如表 4.1 所示。

表 4.1　pack() 方法的参数及其含义

参　　数	含　　义
side	设置组件水平展示或者垂直展示
padx	设置组件距离父容器的水平距离
pady	设置组件距离父容器的垂直距离
ipadx	设置组件内的文字距离组件边界的水平距离
ipady	设置组件内的文字距离组件边界的垂直距离
fill	设置组件填充所在的空白空间的方式
expand	设置组件是否完全填充其余空间
anchor	设置组件在父容器中的位置
before	设置组件应该位于指定组件的前面
after	设置组件应该位于指定组件的后面

4.1.2 pack() 方法各参数的应用

视频讲解

下面具体讲解表 4.1 中各参数的用法。

☑ side：该参数用于设置组件水平展示或者垂直展示，主要有 4 个属性值。

➢top：指组件从上到下依次排列，这是 side 参数的默认值。

➢bottom：指组件从下到上依次排列。

➢left：指组件从左到右依次排列。

➢right：指组件从右到左依次排列。

实例 4.1　设置文字的排列方式 ｜ 实例位置：资源包\Code\04\01

设置窗口中的三行文字从左到右依次排列。具体代码如下：

```
01  from tkinter import *
02  win = Tk()                              # 创建根窗口
03  txt1 = "暮冬时烤雪"                      # 第一行文字
04  txt2 = "迟夏写长信"                      # 第二行文字
05  txt3 = "早春不过一棵树"                  # 第三行文字
06  # 在pack()方法中通过side参数设置排列方式为从左到右依次排列
07  Label(win, text=txt1, bg="#F5DFCC").pack(side="left")
08  Label(win, text=txt2, bg="#EDB584").pack(side="left")
09  Label(win, text=txt3, bg="#EF994C").pack(side="left")
10  win.mainloop()
```

运行效果如图4.1所示。

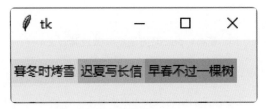

图4.1 side="left" 的实现效果（从左到右依次排列）

如果将实例4.1的第7~9行代码中的"side="left""修改为"side="bottom""，即修改如下：

```
07  Label(win,text=txt1,bg="#F5DFCC").pack(side="bottom")
08  Label(win,text=txt2,bg="#EDB584").pack(side="bottom")
09  Label(win,text=txt3,bg="#EF994C").pack(side="bottom")
```

运行效果如图4.2所示。

☑ padx 和 pady：设置组件边界距离父容器边界的距离，单位为像素。

例如，设置实例4.1中的三个组件距离窗口的水平距离为20像素，垂直距离为5像素。只需要将实例4.1的第7~9行代码修改为以下代码：

```
07  Label(win,text=txt1,bg="#F5DFCC",width=20).pack(side="bottom",padx=20,pady=5)
08  Label(win,text=txt2,bg="#EDB584",width=20).pack(side="bottom",padx=20,pady=5)
09  Label(win,text=txt3,bg="#EF994C",width=20).pack(side="bottom",padx=20,pady=5)
```

运行效果如图4.3所示。

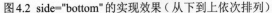

图4.2 side="bottom" 的实现效果（从下到上依次排列）　　图4.3 padx 和 pady 参数的设置效果

☑ ipadx 和 ipady：设置组件内文字距离组件边界的距离，单位为像素。

例如，设置实例4.1中的三个组件内的文字距离组件边界的水平间距为10像素、垂直间距为5像素，距离窗口的水平距离为20像素、垂直距离为5像素。只需要将实例4.1的第7~9行代码修改为以下代码：

```
07  Label(win,text=txt1,bg="#F5DFCC").pack(side="bottom",padx=20,pady=5,ipadx=10,ipady=5)
08  Label(win,text=txt2,bg="#EDB584").pack(side="bottom",padx=20,pady=5,ipadx=10,ipady=5)
09  Label(win,text=txt3,bg="#EF994C").pack(side="bottom",padx=20,pady=5,ipadx=10,ipady=5)
```

运行效果如图4.4所示。

图4.4　ipadx 和 ipady 参数的设置效果

实例 4.2　在窗口中显示斗兽棋游戏的规则　　　实例位置：资源包\Code\04\02

斗兽棋是一款简单的棋牌类游戏，其中包含象、狮、虎、狼、狗、猫、鼠等棋子，该游戏的规则就是大体型动物吃小体型动物，唯一例外的是，鼠可以"捕食"象。下面在窗口中显示斗兽棋游戏的规则，具体代码如下：

```
01  from tkinter import *
02  win=Tk()
03  win.title("tkinter的初使用")
04  txt1=Label(win,text="象吃狮",bg="#ba55d3",font=14)
05  txt2=Label(win,text="狮吃虎",bg="#c1ffc1",font=14)
06  txt3=Label(win,text="虎吃豹",bg="#cdb5cd",font=14)
07  txt4=Label(win,text="豹吃狼",bg="#ba55d3",font=14)
08  txt5=Label(win,text="狼吃狗",bg="#c1ffc1",font=14)
09  txt6=Label(win,text="狗吃猫",bg="#cdb5cd",font=14)
10  txt7=Label(win,text="猫吃鼠",bg="#ba55d3",font=14)
11  txt8=Label(win,text="鼠吃象",bg="#c1ffc1",font=14)
12  txt1.pack(side="left",padx="10",pady="5",ipadx="6",ipady="4")
13  txt2.pack(side="left",padx="10",pady="5",ipadx="6",ipady="4")
14  txt3.pack(side="left",padx="10",pady="5",ipadx="6",ipady="4")
15  txt4.pack(side="left",padx="10",pady="5",ipadx="6",ipady="4")
16  txt5.pack(side="left",padx="10",pady="5",ipadx="6",ipady="4")
17  txt6.pack(side="left",padx="10",pady="5",ipadx="6",ipady="4")
18  txt7.pack(side="left",padx="10",pady="5",ipadx="6",ipady="4")
19  txt8.pack(side="left",padx="10",pady="5",ipadx="6",ipady="4")
20  win.mainloop()
```

运行效果如图4.5所示。

图4.5　在窗口中显示斗兽棋游戏的规则

☑ fill：该参数用于设置组件填充所分配空间的方式，它主要有4个属性值。
　➢x：表示完全填充水平方向的空白空间。
　➢y：表示完全填充垂直方向的空白空间。
　➢both：表示水平方向和垂直方向的空白空间都完全填充。
　➢none：表示不填充空白空间（默认值）。

例如设置垂直纵向填充整个窗口，其代码如下：

```
01  from tkinter import *
02  win=Tk()
03  txt="枯藤老树昏鸦，小桥流水人家。"
04  txt1=Label(win,text=txt,bg="#E6F5C8",fg="red",font="14").pack(side="left",fill="y")
05  win.mainloop()
```

运行效果如图4.6所示。此时垂直拉伸窗口，Label组件依然完全填充窗口，如图4.7所示。

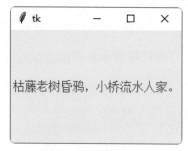

图4.6 垂直拉伸窗口前

图4.7 垂直拉伸窗口后

实例 4.3 设置组件垂直填充窗口 | 实例位置：资源包\Code\04\03

在实例4.2的基础上，使其组件都垂直填充窗口。将实例4.2的代码的第12~19行修改如下：

```
12  txt1.pack(side="left",padx="10",ipadx="6",fill="y")
13  txt2.pack(side="left",padx="10",ipadx="6",fill="y")
14  txt3.pack(side="left",padx="10",ipadx="6",fill="y")
15  txt4.pack(side="left",padx="10",ipadx="6",fill="y")
16  txt5.pack(side="left",padx="10",ipadx="6",fill="y")
17  txt6.pack(side="left",padx="10",ipadx="6",fill="y")
18  txt7.pack(side="left",padx="10",ipadx="6",fill="y")
19  txt8.pack(side="left",padx="10",ipadx="6",fill="y")
```

运行效果如图4.8所示。

图4.8 垂直填充窗口

☑ expand：设置组件是否填满父容器的额外空间，其属性值有两个，分别是True（或1）和False（或0）。当值为True（或1）时，表示组件填满父容器的整个空间；当值为False（或0）时，表示组件不填满父容器的整个空间。下面通过实例来演示其用法。

实例 4.4 设置组件填充额外空间 | 实例位置：资源包\Code\04\04

在实例4.2的基础上，使其组件水平填充整个窗口。将实例4.2中代码的第12~19行修改如下：

```
12  txt1.pack(side="left",padx="10",ipadx="6",fill="y",expand=1)
13  txt2.pack(side="left",padx="10",ipadx="6",fill="y",expand=1)
14  txt3.pack(side="left",padx="10",ipadx="6",fill="y",expand=1)
15  txt4.pack(side="left",padx="10",ipadx="6",fill="y",expand=1)
16  txt5.pack(side="left",padx="10",ipadx="6",fill="y",expand=1)
17  txt6.pack(side="left",padx="10",ipadx="6",fill="y",expand=1)
18  txt7.pack(side="left",padx="10",ipadx="6",fill="y",expand=1)
19  txt8.pack(side="left",padx="10",ipadx="6",fill="y",expand=1)
```

初始运行效果与图4.8相同，当水平拉伸窗口时，可看到效果如图4.9所示。

图4.9　水平填充窗口

☑ anchor：设置组件在父容器中的位置，其具体参数值与Widget组件的anchor属性值类似，具体如图4.10所示。

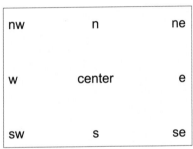

图4.10　anchor参数值

例如在窗口的右下角添加一个"按钮"（因为还未讲解组件的使用，所以暂用Label组件代替），具体代码如下：

```
01  from tkinter import *
02  win=Tk()
03  Label(win,text="下一步",bg="#8EBC90").pack(anchor="s",side="right",padx=10,pady=10)
04  win.mainloop()
```

运行效果如图4.11所示。

图4.11　anchor的使用

说明

在上面的代码中，anchor设置组件在窗口的下方，side参数设置组件从右到左排列，所以最终组件的位置在右下角。

31

实例 4.5　模拟确认退出本窗口的对话框　│　实例位置：资源包\Code\04\05

　　模拟确认退出本窗口的对话框，并且将"我再想想"和"果断退出"按钮置于窗口右下角（按钮使用 Label 组件实现）。具体代码如下：

```
01  from tkinter import *
02  win=Tk()                                      # 创建根窗口
03  win.geometry("350x150")                       # 设置窗口大小
04  win.title("tkinter的初使用")                   # 设置窗口标题
05  txt1=Label(win,text="确定退出本窗口吗？")
06  txt2=Label(win,text="果断退出",bg="#c1ffc1")
07  txt3=Label(win,text="我再想想",bg="#cdb5cd")
08  txt1.pack(fill="x",pady="20")    # fill='x'设置组件始终水平居中显示
09  # side和anchor组合实现组件在窗口右下角显示
10  txt2.pack(side="right",padx="10",ipadx="6",pady="20",anchor="se")
11  txt3.pack(side="right",padx="10",ipadx="6",pady="20",anchor="se")
12  win.mainloop()
```

　　运行效果如图 4.12 所示。

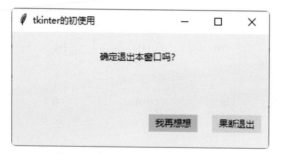

图 4.12　模拟确认退出本窗口的对话框

　　☑ before 和 after：指定组件应该位于指定组件之前或之后。

实例 4.6　指定各组件的顺序　│　实例位置：资源包\Code\04\06

　　使用 before 指定实例 4.2 中各组件的顺序，具体代码如下：

```
01  from tkinter import *
02  win = Tk()
03  win.title("tkinter的初使用")
04  # 打乱各条规则的顺序
05  txt1 = Label(win, text="象吃狮", bg="#F1C5C5", font=14)
06  txt4 = Label(win, text="豹吃狼", bg="#F1C5C5", font=14)
07  txt3 = Label(win, text="虎吃豹", bg="#cdb5cd", font=14)
08  txt2 = Label(win, text="狮吃虎", bg="#c1ffc1", font=14)
09  txt6 = Label(win, text="狗吃猫", bg="#cdb5cd", font=14)
10  txt7 = Label(win, text="猫吃鼠", bg="#F1C5C5", font=14)
11  txt5 = Label(win, text="狼吃狗", bg="#c1ffc1", font=14)
12  txt8 = Label(win, text="鼠吃象", bg="#c1ffc1", font=14)
13  txt1.pack(side="left", padx="10", ipadx="6", fill="y", expand=1)
14  # 将txt1放在txt2前面
15  txt2.pack(side="left", padx="10", ipadx="6", fill="y", expand=1, before=txt1)
```

```
16  txt3.pack(side="left", padx="10", ipadx="6", fill="y", expand=1, before=txt2)
17  txt4.pack(side="left", padx="10", ipadx="6", fill="y", expand=1, before=txt3)
18  txt5.pack(side="left", padx="10", ipadx="6", fill="y", expand=1, before=txt4)
19  txt6.pack(side="left", padx="10", ipadx="6", fill="y", expand=1, before=txt5)
20  txt7.pack(side="left", padx="10", ipadx="6", fill="y", expand=1, before=txt6)
21  txt8.pack(side="left", padx="10", ipadx="6", fill="y", expand=1, before=txt7)
22  win.mainloop()
```

　　上述代码将各组件的排列顺序打乱，然后在pack()方法中通过before参数依次设置各组件的排列顺序，其运行效果与图4.8所示相同。

说明　　anchor、fill 及 side 等参数的作用效果是相互影响的，大家要灵活使用。

4.2　grid()方法

　　在Excel表格中，使用大写的英文字母定位单元格所在的列，使用数字定位单元格所在的行，这样就可以快速定位单元格的位置。tkinter中也提供了类似Excel表格的布局方式，即grid()网格布局方式，在该网格中使用row定义组件所在的行，使用column定义组件所在的列，具体如图4.13所示。

row=0,column=0	row=0,column=1	⋯	row=0,column=n
row=1,column=0	row=1,column=1	⋯	row=1,column=n
⋯	⋯	⋯	⋯
row=n,column=0	row=n,column=1	⋯	row=n,column=n

图4.13　grid()网格布局原理示意图

注意　　使用 grid() 方法进行网格布局时，第一行和第一列的序号应该是 0，即 "row=0, column=0"。

　　grid()方法中提供了许多参数，使用这些参数可以布局一些较为复杂的页面，具体参数及其含义如表4.2所示。

表4.2　grid()方法的参数及其含义

参　　数	含　　义
row	组件所在的行
column	组件所在的列
rowspan	组件横向合并的行数
columnspan	组件纵向合并的列数
sticky	组件填充所分配空间空白区域的方式
padx，pady	组件距离父容器边界的水平方向及垂直方向的距离

4.2.1 grid()方法的参数设置

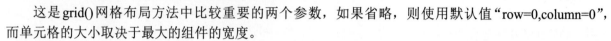

接下来具体介绍表4.2中各参数的使用。

☑ row，column：定义组件所在的行和列。

这是grid()网格布局方法中比较重要的两个参数，如果省略，则使用默认值"row=0,column=0"，而单元格的大小取决于最大的组件的宽度。

实例 4.7　显示 4 以内的乘法表　　　**实例位置：资源包\Code\04\07**

使用grid()方法显示4以内的乘法表，具体代码如下：

```
01  # grid()方法的使用
02  # row表示行，column表示列
03  from tkinter import *
04  win=Tk()                        # 创建根窗口
05  win.title("tkinter的初使用")      # 添加标题
06  # grid(row=0,column=0,padx=10)设置组件位于第0行第0列，与其他组件的水平间距为10像素
07  Label(win,text="1*1=1",bg="#E0FFFF").grid(row=0,column=0,padx=10)
08  Label(win,text="1*2=3",bg="#E0FFFF").grid(row=1,column=0,padx=10)
09  Label(win,text="1*3=3",bg="#E0FFFF").grid(row=2,column=0,padx=10)
10  Label(win,text="1*4=4",bg="#E0FFFF").grid(row=3,column=0,padx=10)
11  Label(win,text="2*2=4",bg="#EEA9B8").grid(row=1,column=1,padx=10)
12  Label(win,text="2*3=6",bg="#EEA9B8").grid(row=2,column=1,padx=10)
13  Label(win,text="2*4=8",bg="#EEA9B8").grid(row=3,column=1,padx=10)
14  Label(win,text="3*3=9",bg="#F08080").grid(row=2,column=2,padx=10)
15  Label(win,text="3*4=12",bg="#F08080").grid(row=3,column=2,padx=10)
16  Label(win,text="4*4=16",bg="#FFE1FF").grid(row=3,column=3,padx=10)
17  win.mainloop()
```

上述代码中通过row和column指定了各乘法算式的位置，运行效果如图4.14所示。

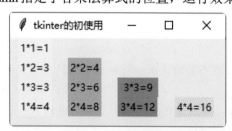

图4.14　使用grid()方法显示乘法表

☑ rowspan和columnspan：组件纵向合并的行数和横向合并的列数。

例如，设置第一行组件横向合并四列，第二行的两个组件分别横向合并两列。具体代码如下：

```
01  from tkinter import *
02  win=Tk()
03  label=Label(win,text="columnspan=4",width=15,height=1,relief="groove",bg="#EDE19A")
04  label21=Label(win,text="columnspan=2",width=15,height=1,relief="groove",bg="#EDBE9A")
05  label22=Label(win,text="columnspan=2",width=15,height=1,relief="groove",bg="#EDBE9A")
06  label.grid(row=0,column=0,columnspan=4)          # 第一行横向合并四列
07  label21.grid(row=1,column=0,columnspan=2)        # 第二行第一列横向合并两列
08  label22.grid(row=1,column=2,columnspan=2)        # 第二行第二列横向合并两列
09  label31=Label(win,width=15,height=1,relief="groove",bg="#E5AEAE").grid(row=3,column=0)
```

```
10  label32=Label(win,width=15,height=1,relief="groove",bg="#E5AEAE").grid(row=3,column=1)
11  label33=Label(win,width=15,height=1,relief="groove",bg="#E5AEAE").grid(row=3,column=2)
12  label34=Label(win,width=15,height=1,relief="groove",bg="#E5AEAE").grid(row=3,column=3)
13  win.mainloop()
```

运行效果如图4.15所示。

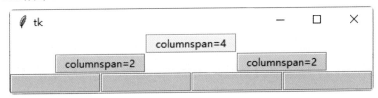

图4.15　columnspan 的使用

合并行和合并列时，只是增大组件占用的空间，并不会增大组件本身。

☑ sticky：其功能与 anchor 类似，不过它只有4个可选的参数值，即 N（上对齐）、S（下对齐）、W（左对齐）、E（右对齐）。

默认情况下，如果组件的宽度不一致，宽度较小的组件会以宽度较大的组件为基准，将同列其他组件居中对齐。例如，添加两个 Label 组件，第二个组件以第一个组件为基准，居中对齐，具体代码如下：

```
01  from tkinter import *
02  win=Tk()
03  Label(win,text="春花秋月何时了",bg="#EBC7C7",relief="groove").grid(row=0,column=0)
04  Label(win,text="往事知多少",bg="#DFC7EB",relief="groove").grid(row=1,column=0)
05  win.mainloop()
```

运行效果如图4.16所示。

通过 sticky 参数就可以设置组件的对齐方式，例如，将图4.16中的第二个组件修改为左对齐，仅需要对上面代码的第4行进行修改，具体代码如下：

```
Label(win,text="往事知多少",bg="#DFC7EB",relief="groove").grid(row=1,column=0,sticky=W)
```

运行效果如图4.17所示。

图4.16　第二个组件以第一个组件为基准居中对齐　　　　图4.17　sticky 参数设置组件左对齐

sticky 参数不仅可以单独使用，还可以组合使用，具体组合方式及含义如下：

➢ sticky=N+S：拉长组件的高度，使组件的顶端和底端分别对齐。

➢ sticky=N+S+E：拉长组件的高度，使组件的顶端和底端分别对齐，同时切齐右边。

➢ sticky=N+S+W：拉长组件的高度，使组件的顶端和底端分别对齐，同时切齐左边。

➢ sticky=E+W：拉长组件的宽度，使组件的左边和右边分别对齐。

➢ sticky=N+S+E+W：拉长组件的高度，使组件的顶端和底端分别对齐，同时切齐左边和右边。

例如，将图4.17中第二个组件的左右两边与第一个组件切齐，需要将第4行代码修改为以下代码：

```
Label(win,text="往事知多少",bg="#DFC7EB",relief="groove").grid(row=1,column=0,sticky=E+W)
```

运行效果如图4.18所示。

图4.18 sticky参数组合使用

说明　grid() 方法中的 padx 和 pady 参数与 pack() 布局中相同，此处不再演示。

4.2.2 rowconfigure()方法和columnconfigure()方法设置组件的缩放比例

视频讲解

tkinter模块添加的窗口的大小默认都是可以通过拖动鼠标改变的，而当窗口大小改变时，可以通过rowconfigure()方法和columnconfigure()方法改变某行或某列组件所占空间随窗口缩放的比例。其语法如下：

```
win.rowconfigure(0,weight=1)
win.columnconfigure(1,weight=1)
```

上面语法中，win 为实例化的窗口；"0"和"1"分别表示设置第1行和第2列组件随窗口缩放；weight表示随窗口缩放的比例。

实例 4.8　实现在窗口的四角添加四个方块	实例位置：资源包\Code\04\08

实现在窗口的四角添加四个方块，并且无论放大或缩小窗口，四个方块始终位于窗口的四角。具体代码如下：

```
01  from tkinter import *
02  win=Tk()
03  win.rowconfigure(0,weight=1)                    # 设置第1行的组件的缩放比例为1
04  win.columnconfigure(1,weight=1)                 # 设置第2列的组件的缩放比例为1
05  txt1=Label(win,width=15,height=2,relief="groove",bg="#E0FFFF")
06  txt1.grid(row=0,column=0,sticky=N+W)            # 第1行第1列组件位置
07  txt2=Label(win,width=15,height=2,relief="groove",bg="#99ffcc")
08  txt2.grid(row=0,column=1,sticky=N+E)            # 第1行第2列组件位置
09  txt3=Label(win,width=15,height=2,relief="groove",bg="#E0FFFF")
10  txt3.grid(row=1,column=0,sticky=N+S+W)          # 第2行第1列组件位置
11  txt4=Label(win,width=15,height=2,relief="groove",bg="#99ffcc")
12  txt4.grid(row=1,column=1,sticky=N+S+E)          # 第2行第2列组件位置
13  win.mainloop()
```

运行效果如图4.19所示，放大窗口后，可看到效果如图4.20所示。

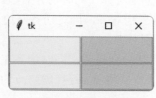

图4.19 放大窗口前

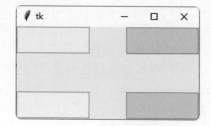

图4.20 放大窗口后

注意

rowconfigure() 和 columnconfigure() 方法是设置在父容器上而并非设置在组件上的，这一点要尤其注意。

4.3　place()方法

place()方法可以设置组件的大小及组件在容器中的精确位置。其参数及其含义如表4.3所示。

表4.3　place()方法参数及其含义

参　数	含　义
x	设置组件距离父容器左侧的水平距离
y	设置组件距离父容器顶部的垂直距离
width	设置组件的宽度
height	设置组件的高度
relx	设置组件距离父容器左侧的相对距离。数值范围（0~1）
rely	设置组件距离父容器顶部的相对距离。数值范围（0~1）
relwidth	设置组件相对父容器的宽度。数值范围（0~1）
relheight	设置组件相对父容器的高度。数值范围（0~1）

由表4.3可以看出，place()方法可以使用两种方式来设置组件的大小及位置，第一种是通过参数x、y、width和height设置组件的大小和位置；第二种是通过参数relx、rely、relwidth和relheight设置组件的大小和位置。下面具体介绍。

4.3.1　x、y、width和height

视 频 讲 解

表4.3中的x和y可以定义组件的位置，其中(x=0,y=0)位置是窗口的左上角顶点，而width和height分别可以设置组件的宽度和高度，这四个参数设置了组件的绝对位置和绝对大小。换句话说，无论窗口放大或缩小，组件的位置及大小都不会发生改变。下面通过一个实例来演示其用法。

实例 4.9　布局华容道游戏窗口　　　实例位置：资源包\Code\04\09

《三国演义》中有一段经典故事：曹操败走华容道，又遇诸葛亮的伏兵，而关羽为报答曹操曾经的收留之恩，帮助曹操逃出华容道。这段经典故事衍生出一款滑块类游戏——华容道。玩游戏时，只要拖动滑块，帮助"曹操"从最下方中间出口"逃出"即可。本实例通过place()在窗口中布局华容道游戏窗口，具体代码如下：

```
01  from tkinter import *
02  win=Tk()
03  win.title("华容道")                    # 添加窗口标题
04  win.geometry("240x300")               # 设置窗口大小
05  txt1=Label(win,text="赵云",bg="#93edd4",relief="groove",font=14)  # 华容道游戏中的滑块
```

```
06  txt2=Label(win,text="曹操",bg="#a6e3a8",relief="groove",font=14)
07  txt3=Label(win,text="黄忠",bg="#93edd4",relief="groove",font=14)
08  txt4=Label(win,text="张飞",bg="#93edd4",relief="groove",font=14)
09  txt5=Label(win,text="关羽",bg="#93edd4",relief="groove",font=14)
10  txt6=Label(win,text="马超",bg="#93edd4",relief="groove",font=14)
11  txt7=Label(win,text="卒",bg="#f3f5c4",relief="groove",font=14)
12  txt8=Label(win,text="卒",bg="#f3f5c4",relief="groove",font=14)
13  txt9=Label(win,text="卒",bg="#f3f5c4",relief="groove",font=14)
14  txt0=Label(win,text="卒",bg="#f3f5c4",relief="groove",font=14)
15  # width为组件宽度，height为组件高度，x为滑块左上角的横坐标，y为滑块左上角的纵坐标
16  txt1.place(width=60,height=120,x=0,y=0)
17  txt2.place(width=120,height=120,x=60,y=0)
18  txt3.place(width=60,height=120,x=180,y=0)
19  txt4.place(width=60,height=120,x=0,y=120)
20  txt5.place(width=120,height=60,x=60,y=120)
21  txt6.place(width=60,height=120,x=180,y=120)
22  txt7.place(width=60,height=60,x=60,y=180)
23  txt8.place(width=60,height=60,x=120,y=180)
24  txt9.place(width=60,height=60,x=0,y=240)
25  txt0.place(width=60,height=60,x=180,y=240)
26  win.mainloop()
```

运行效果如图4.21所示。

4.3.2 relx、rely、relwidth和relheight

在实现实例4.9所布局的华容道游戏窗口后可发现，当放大窗口时，华容道界面的右侧或者下方就会显示空白区域，如图4.22所示。如果我们不希望有空白区域，而是希望窗口内的组件能够随窗口的缩放而进行缩放，那么可以使用relx、rely、relwidth和relheight参数。

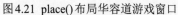

图4.21 place()布局华容道游戏窗口　　　　图4.22 放大窗口时，窗口右侧和下方显示空白区域

relx和rely可以设置组件相对窗口的位置，其取值范围是0.0~1.0，可以理解为分别位于窗口水平方向和垂直方向的比例；relheight和relwidth分别设置组件的大小占窗口的比例。

实例 4.10　布局跟随窗口缩放的华容道游戏窗口　｜　实例位置：资源包\Code\04\10

将实例4.9的窗口效果修改为游戏内滑块与窗口等比例缩放，具体代码如下：

```
01  from tkinter import *
02  win=Tk()
03  win.title("华容道")
04  # 添加滑块（由Label组件实现）
05  txt1=Label(win,text="赵云",bg="#93edd4",relief="groove",font=14)   # 华容道游戏中的滑块
06  txt2=Label(win,text="曹操",bg="#a6e3a8",relief="groove",font=14)
07  txt3=Label(win,text="黄忠",bg="#93edd4",relief="groove",font=14)
08  txt4=Label(win,text="张飞",bg="#93edd4",relief="groove",font=14)
09  txt5=Label(win,text="关羽",bg="#93edd4",relief="groove",font=14)
10  txt6=Label(win,text="马超",bg="#93edd4",relief="groove",font=14)
11  txt7=Label(win,text="卒",bg="#f3f5c4",relief="groove",font=14)
12  txt8=Label(win,text="卒",bg="#f3f5c4",relief="groove",font=14)
13  txt9=Label(win,text="卒",bg="#f3f5c4",relief="groove",font=14)
14  txt0=Label(win,text="卒",bg="#f3f5c4",relief="groove",font=14)
15  # 设置各滑块的大小和位置，relwidth=0.25表示宽度为窗口宽度的25%，以此类推
16  txt1.place(relwidth=0.25,relheight=0.4,relx=0,rely=0)
17  txt2.place(relwidth=0.5,relheight=0.4,relx=0.25,rely=0)
18  txt3.place(relwidth=0.25,relheight=0.4,relx=0.75,rely=0)
19  txt4.place(relwidth=0.25,relheight=0.4,relx=0,rely=0.4)
20  txt5.place(relwidth=0.5,relheight=0.2,relx=0.25,rely=0.4)
21  txt6.place(relwidth=0.25,relheight=0.4,relx=0.75,rely=0.4)
22  txt7.place(relwidth=0.25,relheight=0.2,relx=0.25,rely=0.6)
23  txt8.place(relwidth=0.25,relheight=0.2,relx=0.5,rely=0.6)
24  txt9.place(relwidth=0.25,relheight=0.2,relx=0,rely=0.8)
25  txt0.place(relwidth=0.25,relheight=0.2,relx=0.75,rely=0.8)
26  win.mainloop()
```

初始运行效果与图4.21相同，当放大窗口时，可看到各组件随窗口一起放大，如图4.23所示。

图4.23　放大窗口时的运行效果

本章 e 学码：关键知识点拓展阅读

px　　　　　　　　　　　缩放
布局管理　　　　　　　　相对距离
父容器

e 学码

第5章

文本类组件

（ ▶ 视频讲解：1小时41分钟）

文本是窗口中必不可少的一部分，tkinter模块中提供了5种文本类组件，通过这5种组件，可以在窗口中显示和输入单行文本、多行文本，选择数字及选择内容等。

知识框架

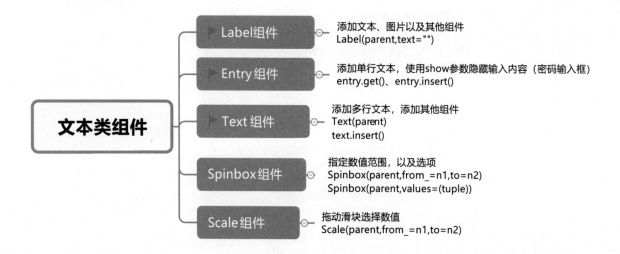

5.1 Label组件

Label组件是窗口中比较常用的组件，通常用来添加文字或者图片，并且可以定义Label组件中文字和图片的排列方式，下面进行具体讲解。

5.1.1 Label组件的基本使用

▶ 视频讲解：资源包\Video\05\5.1.1 Label标签的基本使用.mp4

前面介绍组件的公共属性及布局管理时，多次使用到了Label组件，而Label组件最常用的功能就是添加文字，具体语法如下：

```
Label(win,text="文本",justify="center")
```

其中，win指定Label组件的父容器；text指定标签中的文本；justify指定标签中拥有多行文本时，最后一行文本的对齐方式。

例如，编写一幅对联，并且对联的横批左对齐，具体代码如下：

```
01  from tkinter import *
02  win = Tk()
03  # 定义Label组件里的内容
04  str = "\n上拜图灵只佑服务可用\n\n下跪关公但求永不宕机\n\n风调码顺"
05  # justify设置文字的对齐方式；font设置文字样式；bg设置背景色
06  Label(win, text=str, justify="left", font=14, bg="#BFEFEA").pack(ipadx=10, ipady=5)
07  win.mainloop()
```

运行效果如图5.1所示。

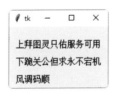

图5.1 Label组件的基本使用

注意

justify 属性只对拥有多行文本时的 Label 组件中的最后一行文本有效，如果 Label 组件中只有一行文本，则 justify 属性无效。

说明

上面代码中的第 6 行，可以拆分为以下两行：

```
01  label=Label(win,text=str,justify="left",font=14,bg="#BFEFEA")
02  label.pack(ipadx=10,ipady=5)
```

这两种写法所实现的效果相同。

实例 5.1　用箭头指示斗兽棋游戏规则　　　│　实例位置：资源包\Code\05\01

通过箭头指示斗兽棋游戏规则，首先添加Label组件，显示斗兽棋规则及箭头，然后通过grid()方法设置各组件的位置。具体代码如下：

```
01  from tkinter import *
02  win=Tk()                                           # 添加标题
03  win.title("斗兽棋游戏的食物链")                        # 添加标题
04  # text定义Label标签里的文本内容，bg表示Label的背景色
05  txt1=Label(win,text="象",bg="#FFEBCD",width=5,padx=4,pady=4,font="14")
06  txt2=Label(win,text="狮",bg="#c1ffc1",width=5,padx=4,pady=4,font="14")
07  txt3=Label(win,text="虎",bg="#FFEBCD",width=5,padx=4,pady=4,font="14")
08  txt4=Label(win,text="豹",bg="#c1ffc1",width=5,padx=4,pady=4,font="14")
09  txt5=Label(win,text="狼",bg="#FFEBCD",width=5,padx=4,pady=4,font="14")
10  txt6=Label(win,text="狗",bg="#c1ffc1",width=5,padx=4,pady=4,font="14")
11  txt7=Label(win,text="猫",bg="#FFEBCD",width=5,padx=4,pady=4,font="14")
12  txt8=Label(win,text="鼠",bg="#c1ffc1",width=5,padx=4,pady=4,font="14")
13  # foreground设置Label组件的文字颜色
14  txtr1=Label(win,text="→",padx=2,pady=2,foreground="#B22222").grid(row=1,column=2)
15  txtr2=Label(win,text="→",padx=2,pady=2,foreground="#B22222").grid(row=1,column=4)
16  txtb1=Label(win,text="↓",padx=2,pady=2,foreground="#B22222").grid(row=2,column=5)
17  txtb2=Label(win,text="↓",padx=2,pady=2,foreground="#B22222").grid(row=4,column=5)
18  txtl1=Label(win,text="←",padx=2,pady=2,foreground="#B22222").grid(row=5,column=4)
19  txtl2=Label(win,text="←",padx=2,pady=2,foreground="#B22222").grid(row=5,column=2)
20  txtt1=Label(win,text="↑",padx=2,pady=2,foreground="#B22222").grid(row=4,column=1)
21  txtt2=Label(win,text="↑",padx=2,pady=2,foreground="#B22222").grid(row=2,column=1)
22  # 设置斗兽棋游戏的棋子的位置
23  txt1.grid(row=1,column=1)
24  txt2.grid(row=1,column=3)
25  txt3.grid(row=1,column=5)
26  txt4.grid(row=3,column=5)
27  txt5.grid(row=5,column=5)
28  txt6.grid(row=5,column=3)
29  txt7.grid(row=5,column=1)
30  txt8.grid(row=3,column=1)
31  win.mainloop()
```

运行效果如图5.2所示。

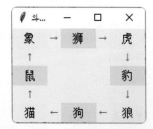

图5.2 用箭头指示斗兽棋游戏规则

5.1.2 在Label组件中添加图片

▶ 视频讲解：资源包\Video\05\5.1.2 在Label组件中添加图片.mp4

在tkinter模块中，图片可以在多处使用，例如Label组件、Button按钮及Text文字区域等。但是添加图片时，需要先创建图片对象PhotoImage，然后在其他组件中引入该对象。例如在Label组件中添加

一张图片，具体代码如下：

```
01  win=Tk()
02  img=PhotoImage(file="cat.png")          # 创建图片对象，file为图片路径
03  Label(win,image=img).pack()             # 在Label组件中引入图片对象
04  win.mainloop()
```

上面代码中，第2行代码中的file参数为图片的路径；第3行代码通过image参数引入该图片对象。运行效果如图5.3所示。

图5.3　在Label组件中添加图片

如果Label组件中既有文字，又有图片，那么可以通过Label组件中的compound参数设置图片与文字的显示位置。可选的参数值有5个，具体参数值及其含义如表5.1所示。

表5.1　compound参数可选值及其含义

值	含　义
top	图片位于文字上方
bottom	图片位于文字下方
left	图片位于文字左侧
right	图片位于文字右侧
center	图片位于文字之下（图片与文字重叠，且文字在图片的上层）

实例 5.2　实现游戏"欢乐写数字"道具兑换窗口　｜　实例位置：资源包\Code\08\01

将"欢乐写数字"游戏窗口中的按钮及文本框暂时用Label组件代替。具体代码如下：

```
01  from tkinter import *
02  win=Tk()
03  win.title("欢乐写数字")
04  win.configure(bg="#EEF3C3")             # 设置窗口的背景色
05  img=PhotoImage(file="game.png")         # 创建图片对象
06  # 在Label组件中添加图片和文字，通过compound设置图片在文字下方
07  game=Label(win,image=img,text="欢乐写数字",compound="bottom",font="楷体 20 bold",
      fg="#D25EED",bg="#EEF3C3")
08  game.grid(row=2,column=0,columnspan=2)
09  # 添加文字
10  Label(win,text="输入兑奖码领取稀有道具",bg="#EEF3C3").grid(row=3,column=0,columnspan=2)
11  Label(win,text="兑奖码: ",font=14,bg="#EEF3C3").grid(row=4,column=0,sticky=E,pady=10)
12  Label(win,width=15,bg="#fff",relief="groove").grid(row=4,column=1,pady=10)
13  Label(win,text="确认兑换",width=20,relief="groove",bg="#0996ED").grid(row=5,column=0,
      columnspan=2,pady=5)
14  win.mainloop()
```

运行效果如图5.4所示。

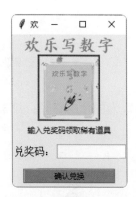

图5.4 Label组件中设置图片与文字的位置效果

说明

实例 5.2 中添加的图片为 .png 格式，如果添加 .jpg 格式的图片，就会出现如图 5.5 所示错误提示。

```
Traceback (most recent call last):
  File "D:/soft/python/demo/tkint/part5/test/demo3.py", line 14, in <module>
    img1=PhotoImage(file="1.jpg")
  File "D:\soft\python\python\soft\lib\tkinter\__init__.py", line 4061, in __init__
    Image.__init__(self, 'photo', name, cnf, master, **kw)
  File "D:\soft\python\python\soft\lib\tkinter\__init__.py", line 4006, in __init__
    self.tk.call(('image', 'create', imgtype, name,) + options)
_tkinter.TclError: couldn't recognize data in image file "1.jpg"
```

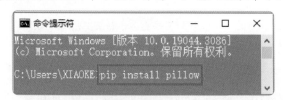

图5.5 添加.jpg格式的图片时出现错误提示

这是因为 PhotoImage() 方法不支持 .jpg 格式的图片，如果需要在窗口中添加 .jpg 格式的图片，需要下载和导入第三方模块 PIL，安装该模块的命令为“pip install pillow”，具体步骤如下：

（1）以管理员身份打开系统的命令提示符窗口，输入安装命令，如图 5.6 所示。

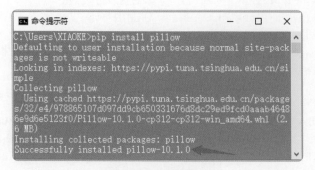

图5.6 在命令提示符窗口中输入安装命令

（2）按下 <Enter> 键，开始进行下载和安装，此过程需要计算机联网。安装成功后如图 5.7 所示。

图5.7 安装PIL模块成功

安装成功后，需要在 .py 文件中导入 PIL 模块中的 Image 模块和 ImageTk 模块，具体代码如下：

```
01  from tkinter import *
02  from PIL import Image,ImageTk          # 导入PIL模块
```

在窗口中添加一张 .jpg 格式的图片，代码如下：

```
01  from tkinter import *
02  from PIL import Image,ImageTk          # 导入PIL模块
03  win=Tk()                               # 创建窗口
04  image=Image.open("1.jpg")             # 读取图片文件
05  img1=ImageTk.PhotoImage(image)
06  txt1=Label(win,image=img1).pack()      # 将图片添加到Label组件中
07  win.mainloop()
```

运行效果如图 5.8 所示。

图 5.8　在窗口中添加 .jpg 格式的图片

5.1.3　在 Label 组件中指定位置换行

▶ 视频讲解：资源包\Video\05\5.1.3 Label中指定位置换行.mp4

　　前面都是使用 "\n" 进行文字换行的，其实 Label 组件中可以通过 wraplength 指定换行位置，单位为像素，然后当文本到达 wraplength 指定的位置时，就会自动换行，具体代码如下：

```
01  from tkinter import *
02  win = Tk()
03  win.configure(bg="#C9EDEB")            # 窗口的背景色
04  win.maxsize(500, 500)                  # 设置窗口的最大尺寸
05  couple = "上联：足不出户一台电脑打天下下联：窝宅在家一双巧手定乾坤横批：量我风采"
06  txt = Label(win, text=couple, bg="#C9EDEB",font=14,wraplength=230,justify="left")
07  txt.pack(padx=20,pady=20)
08  win.mainloop()
```

运行效果如图 5.9 所示。

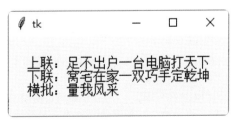

图 5.9　在 Label 组件中设置文字在指定位置换行

5.2 Entry 组件

5.2.1 Entry 组件的基本使用

▶ 视频讲解：资源包\Video\05\5.2.1 Entry组件的基本使用.mp4

Entry组件用于添加单行文本框，其特点是可以添加少量文字。例如，网站中的用户名输入框和密码输入，就可以通过Entry实现。添加Entry组件的语法如下：

```
Entry(win)
```

例如，在窗口中添加两个文本框，用于输入乘客的出发地和目的地，具体代码如下：

```
01  from tkinter import *
02  win=Tk()
03  Label(win,text="出发地:",font=14).grid(pady=10,row=0,column=0)
04  Entry(win).grid(row=0,column=1)              # 添加出发地文本框
05  Label(win,text="目的地:",font=14).grid(pady=10,row=1,column=0)
06  Entry(win).grid(row=1,column=1)              # 添加目的地文本框
07  win.mainloop()
```

运行效果如图5.10所示。

很多App登录时都需要输入密码，而输入密码时，用户看到的并非自己输入的密码内容，而是"*"这样的隐藏符号。Entry组件中，可以通过show参数将用户输入的内容隐藏起来，并且显示为用户指定的字符。具体语法如下：

```
Entry(win,show="#")
```

其中，show表示将用户输入的内容全都显示为指定字符。

例如，在窗口中添加一个密码输入框，将输入的密码内容显示为"*"，具体代码如下：

```
01  from tkinter import *
02  win=Tk()
03  Label(win,text="密码",font=14).grid(pady=10,row=0,column=0)
04  Entry(win,show="*").grid(row=0,column=1)
05  win.mainloop()
```

运行效果如图5.11所示。

图 5.10 Entry 组件的使用

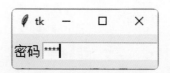

图 5.11 Entry 组件实现密码输入框

实例 5.3 实现登录账号窗口，并且隐藏密码 | 实例位置：资源包\Code\05\03

设置登录窗口，并且输入密码时将密码显示为"*"。具体代码如下：

```
01  from tkinter import *
02  win=Tk()
03  win.configure(bg="#EFE5D2")                  # 设置窗口的背景色
```

```
04  user=PhotoImage(file="user.png")              # 用户名图标
05  psw=PhotoImage(file="psw.png")                # 密码图标
06  Label(win,image=user,bg="#fff").grid(row=0)   # 显示用户名图标
07  Entry(win).grid(row=0,column=1,padx=10,pady=10) # 用户名文本框
08  Label(win,image=psw,bg="#fff").grid(row=1)    # 显示密码图标
09  Entry(win,show="*").grid(row=1,column=1,padx=10,pady=10) # 密码文本框，输入的内容显示为 "*"
10  Label(win,text="确定",relief="groove").grid(row=2,columnspan=2,pady=10)
11  win.mainloop()
```

运行效果如图 5.12 所示。

图 5.12 隐藏 Entry 组件中的内容

5.2.2 Entry 组件中各方法的使用

▶ 视频讲解：资源包\Video\05\5.2.2 Entry组件中各方法的使用.mp4

Entry 组件提供了三种方法，分别是 get()、insert() 和 delete() 方法，通过这三种方法可以实现获取、插入及删除文本框组件中内容的功能，下面具体讲解。

☑ 使用 get() 方法获取文本框中的内容。

例如，在窗口中定义一个文本框，然后获取文本框的内容，具体代码如下：

```
01  from tkinter import *
02  win=Tk()
03  def show():
04      str=entry.get()          # 获取文本框里的内容
05      print(str)               # 将内容打印出来
06  entry=Entry(win)             # 定义Entry文本框
07  entry.grid(row=0)
08  Button(win,text="显示",command=show).grid(row=0,column=1)  # 定义一个按钮
09  win.mainloop()
```

运行效果如图 5.13 所示。

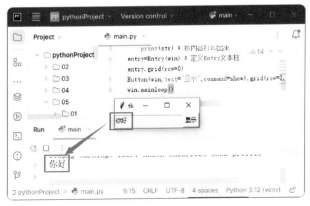

图 5.13 获取 Entry 组件里的内容

☑ 使用insert()在文本框的指定位置添加内容，其语法如下：

```
entry.insert(index,str)
```

其中，entry 为要添加内容的文本框组件；index 为添加的位置；str 为添加的内容。

例如，为账号输入文本框添加默认的用户名，具体代码如下：

```
01  from tkinter import *
02  win=Tk()
03  Label(win,text="用户名：").grid(row=0,column=0)
04  entry=Entry(win,relief="groove")
05  entry.insert(0,"admin")                    # 文本框开头添加内容
06  entry.grid(row=0,column=1)
07  win.mainloop()
```

运行效果如图5.14所示。

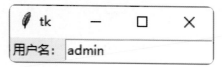

图5.14 为文本框添加默认文本

☑ 使用delete()删除文本框中指定内容，其语法如下：

```
entry.delete(first,end)
```

该语法可以删除文本框中从 first 到 end 之间所有字符（不包括end位置的字符），如果要删除文本框中所有的文本内容，可以使用delete(0,END)。

例如，实现输入文本时的后退功能（单击按钮时，清除文本框中最后一个字符），具体代码如下：

```
01  from tkinter import *
02  win=Tk()
03  def back():
04      length=len(op1.get())              # 获取文本框中内容的长度
05      op1.delete(length-1,END)           # 删除最后一个字符
06  op1=Entry(win,relief="groove")
07  op1.insert(INSERT,"春风又绿江南岸")        # 文本框中添加初始文本
08  op1.grid(row=0)
09  Button(win,text="后退",command=back).grid(row=0,column=1)
10  win.mainloop()
```

其初始界面如图5.15所示，每单击一次"后退"按钮，就会删除文本框中的最后一个字符，运行效果如图5.16所示。

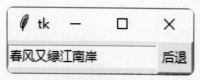

图5.15 初始运行效果

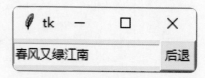

图5.16 单击一次"后退"按钮的效果

实例 5.4　在窗口中实现两个数相加　　实例位置：资源包\Code\08\01

实现简单加法计算，在两个文本框中输入加数，单击"计算"按钮后，将计算结果显示在第三个

文本框中。具体代码如下：

```
01  from tkinter import *
02  win=Tk()
03  win.configure(bg="#F3E4A4")                      # 设置窗口的背景色
04  def add():
05      re.delete(0,END)                              # 清空显示结果的文本框的内容
06      add1=int(op1.get())                           # 获取第一个加数
07      add2=int(op2.get())                           # 获取第二个加数
08      re.insert(INSERT,add1+add2)
09  op1=Entry(win,width=5,relief="groove")           # 第一个加数文本框
10  op1.grid(row=0,pady=20)
11  Label(win,text="+",bg="#F3E4A4").grid(row=0,column=1)
12  op2=Entry(win,width=5,relief="groove")           # 第二个加数文本框
13  op2.grid(row=0,column=2)
14  Label(win,text="=",bg="#F3E4A4").grid(row=0,column=3)
15  re=Entry(win,width=5,relief="groove")            # 显示结果的文本框
16  re.grid(row=0,column=4)
17  Button(win,text="计算",command=add,relief="groove",bg="#10C9F5").grid(row=1,
     columnspan=5,ipadx=10)
18  win.mainloop()
```

运行效果如图5.17所示。

图5.17　计算两个数之和

5.3　Text组件

Entry组件虽然可以添加文字，但是文字只能在一行中显示，当文字较多时无法换行显示，而Text组件恰好弥补了这一缺点。

5.3.1　Text组件的基本使用

📹 视频讲解：资源包\Video\05\5.3.1　Text组件的基本使用.mp4

上一节介绍了单行文本框的使用，单行文本框的弊端就是输入文本较多时，不能全部显示出来，此时可以使用Text组件。

Text组件内可以输入多行文本，当文本内容较多时，它可以自动换行。事实上，Text组件中不仅可以放置纯文本，还可以添加图片、按钮等。其语法如下：

```
Text(win)
```

其中，win为父容器。

在Text组件中可以通过insert()方法添加初始文本，具体代码如下：

```
01   text = Text(win)                        # 在win中添加一个多行文本框
02   text.insert(INSERT,text)                # 在text的指定位置添加文本text，INSERT表示在光标处添加文本
```

在Text组件中添加图片，需要创建PhotoImage()对象，然后再通过Imageecreat_()插入图像，具体代码如下：

```
01   photo = PhotoImage(file='ico.png')      # 创建一个图像对象
02   text.image_create(END, image=photo)     # 插入图像
```

实例 5.5　在 Text 组件中添加图片、文字及按钮 ｜ 实例位置：资源包\Code\05\05

在多行文本框中添加图片、文字及按钮，并且统计单击按钮的次数。此时，Text组件相当于一个容器，具体代码如下：

```
01   i = 0                                   # 单击按钮的次数，初始值为0
02   def show():
03       global i                            # 声明为全局变量
04       i += 1                              # 单击一次按钮，i就加1
05       label.config(text="你点了我\t" + str(i) + "下")
06   from tkinter import *
07   root = Tk()                             # 创建根窗口
08   text = Text(root, width=45, height=10, bg="#CAE1FF", relief="solid")  # 创建多行文本框
09   photo = PhotoImage(file='ico.png')      # 创建一个图像对象
10   text.image_create(END, image=photo)     # text中插入图像
11   text.insert(INSERT, "在这里添加文本:\n")  # 添加文本
12   text.pack()                             # 包装文本框，没有此步骤，文本框无法显示在窗口中
13   bt = Button(root, text='你点我试试', command=show, padx=10)  # 创建按钮
14   text.window_create("2.end", window=bt)              # 将按钮放置在text中
15   label = Label(root, padx=10, text="你点了我0下")      # 创建Label组件
16   text.window_create("3.end", window=label)           # 将Label组件放置在text中
17   root.mainloop()
```

运行程序，初始效果如图5.18所示。在多行文本框中添加多行文字，可以看到文字可以换行显示在其中，并且单击按钮时可以统计单击按钮的次数，效果如图5.19所示。

图5.18 初始运行效果

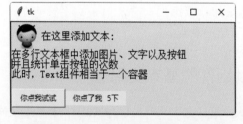

图5.19 添加文字和单击按钮时的效果

5.3.2　Text组件的索引

📹 视频讲解：资源包\Video\05\5.3.2 Text组件的索引.mp4

Text组件提供了index()方法，用于指向Text组件中文本的位置，它与Python的序列索引一样，也是对应实际字符之间的位置。Text组件中，文本的索引值通常为字符串类型，并且指定Text索引的方式有多种，下面列举常见的几种方式：

☑ line.column ： 这种方式将索引位置的行号和列号以字符串的形式表示出来，并且中间以 "." 分隔，例如 "2.3" 表示第 2 行第 4 列。

☑ insert ： 插入光标的位置。

☑ end ： 最后一个字符的位置，如果字符串为 "end"，表示所有文本的最后一个字符位置；如果字符串为 "line.end"，就表示第 line 行的最后一个字符位置。

☑ + count chars ： 指定位置向后移动 count 个字符。例如 "2.1+2 chars" 表示第 2 行第 4 个字符的位置。

☑ −count chars ： 指定位置向前移动 count 个字符。例如 "2.3-2 chars" 表示第 2 行第 2 个字符的位置。

说明　Text 组件中索引字符的位置时，第 1 行的索引为 1，第 1 列的索引为 0。

例如，在 Text 组件中插入一句话，然后通过索引找到第 1 行第 3 列到第 1 行第 7 列之间的内容。具体代码如下：

```
01  from tkinter import *
02  win = Tk()
03  text = Text(win)                          # 添加文本框
04  text.insert(INSERT, "I love python")      # 在文本框中添加一句话
05  text.pack()
06  print(text.get(1.2, 1.6))                 # 索引第1行第3列至第1行第7列的字符
07  win.mainloop()
```

运行效果如图 5.20 所示。

图 5.20　索引的使用

5.3.3　Text 组件的常用方法

▶ 视频讲解：资源包\Video\05\5.3.3 Text组件的常用方法.mp4

Text 组件提供了一些方法用于获取或者编辑其中内容。具体如表 5.2 所示。

表 5.2　Text 组件的常见方法

方　　法	含　　义
delete()	删除 Text 组件中的内容
get()	获取文本内容
mark_set()	添加标记
search()	搜索文本
edit_undo()	撤销操作
edit_separator()	添加分隔线，此后，再进行撤销操作时，不会撤销所有操作，只是撤销上一次操作

例如在窗口中添加 Text 组件，并且用户可以使用 <Ctrl+Z> 和 <Ctrl+Y> 组合键执行撤销与恢复操作。具体代码如下：

```
01  from tkinter import *
02  root = Tk()                           # 创建根窗口
03  def undo1(event):
04      text.edit_undo()                  # 撤销之前的操作
05  def redo1(event):
06      text.edit_redo()                  # 恢复之前的操作
07  def callback(event):
08      text.edit_separator()             # 每单击一次键盘就添加一个分隔线，否则会撤销或恢复所有内容
09  text = Text(root, width=50, height=30, undo=True, autoseparators=False)  # 添加文本框
10  text.pack()
11  # 添加提示性文字
12  text.insert(INSERT, '在下方可以添加文本，通过键盘<Ctrl+Z>撤销操作和<Ctrl+Y>键恢复操作:\n\n')
13  text.bind('<Key>', callback)                       # 每当有按键操作的时候，插入一个分隔线
14  text.bind('<Control-Z>', undo1)                    # 按下组合键<Ctrl+Z>时撤销操作
15  text.bind('<Control-Y>', redo1)                    # 按下组合键<Ctrl+Y>时恢复操作
16  root.mainloop()
```

运行程序，然后在文本框中添加文字，效果如图 5.21 所示，然后按下组合键 <Ctrl+Z> 即可撤销上一次添加的文字，如图 5.22 所示。

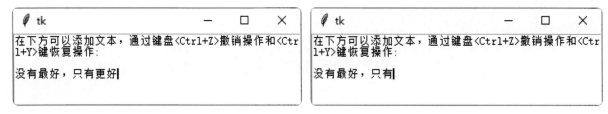

图 5.21 编辑文本　　　　　　　　　　　　　　图 5.22 通过组合键 "<Ctrl+Z>" 撤销操作

5.4 Spinbox 组件

前面介绍了 Entry 组件的功能是输入单行文本，而 Spinbox 组件不仅可以添加文本，还可以在给定的值中选择一个。下面进行具体介绍。

5.4.1 Spinbox 组件的基本使用

视频讲解：资源包\Video\05\5.4.1 Spinbox组件的基本使用.mp4

Spinbox 组件可以理解为 Entry 组件的变体，可用于在多个固定值中选取一个，而固定值可以是数字，也可以是汉字。当定义的可选值为数字时，其语法如下：

```
Spinbox(win,from_=n1,to=n2)
```

其中，win 为该组件的父容器；from_ 为数值的下限；to 为数值的上限，即规定数值范围为 n1~n2。

说明　　"from_" 参数中的下画线是为了防止与关键字 from 发生冲突，所以不可以省略。

当定义的可选值为汉字时，可以通过values指定可选值，其值可以为元组、列表等，具体代码如下：

```
Spinbox(win,values=("西瓜","大枣","苹果","草莓")).pack()
```

实例 5.6　实现游戏中购买道具窗口 | 实例位置：资源包\Code\08\01

显示游戏中购买道具时选择道具、数量及支付方式的窗口。具体代码如下：

```
01  from tkinter import *
02  win=Tk()                              # 创建根窗口
03  win.title("购买道具")                  # 添加窗口标题
04  Label(win,text="购买道具：").grid(row=0,column=0,pady=10)
05  # 通过元组定义可选择的值
06  Spinbox(win,values=("绿水晶","红宝石","生命水")).grid(row=0,column=1,pady=10)
07  Label(win,text="购买数量：").grid(row=1,column=0,pady=10)
08  # 通过from_和to定义可选的数值范围
09  Spinbox(win,from_=1,to=5).grid(row=1,column=1,pady=10)
10  Label(win,text="限购5件").grid(row=1,column=2,pady=10)
11  Label(win,text="支付方式：").grid(row=2,column=0,pady=10)
12  Spinbox(win,values=("金币","钻石","点券")).grid(row=2,column=1,pady=10)
13  win.mainloop()
```

运行效果如图5.23所示。

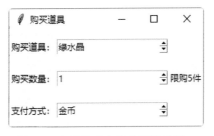

图5.23　实现游戏中的购买道具窗口

5.4.2　Spinbox组件的相关属性介绍

📹 视频讲解：资源包\Video\05\5.4.2 Spinbox组件的相关属性介绍.mp4

Spinbox组件提供了较多参数，这里仅列举部分常用的参数及其。具体如表5.3所示。

表5.3　Spinbox组件的常用参数及含义

参　　数	含　　义
activebackground	当Spinbox处于"active"状态时的背景色
buttonbackground	箭头的背景色
buttoncursor	光标悬停在箭头上时的样式
command	当用户通过箭头调节内容时调用某函数
disabledbackground	当Spinbox处于"disabled"状态时的背景色

续表

参　数	含　义
disabledforeground	当 Spinbox 处于 "disabled" 状态时的前景色
exportselection	指定选中的文本是否可以复制到剪贴板
increment	单击箭头时 Spinbox 递增或递减的数值
justify	Spinbox 内文本的对齐方式
readonlybackground	Spinbox 处于 "readonly" 状态时的背景色
state	设置 Spinbox 组件的状态，可选的值有 "normal"（默认值）、"disabled"（完全禁止）、"readonly"（只读，可以被选中和拷贝）
textvariable	指定一个与输入框的内容相关联的 tkinter 模块中的变量（通常是 StringVar()），当输入框的内容发生改变时，该变量的值也会相应发生改变

注意

如果为 Spinbox 组件设置了 state="readonly" 或者 state="disabled"，那么 insert() 方法和 delete() 方法将无效。

实例 5.7　布局购买道具窗口，并且计算花费　　　　实例位置：资源包\Code\05\07

实现购买游戏道具时，选择道具和数量后自动结算花费金币数量的功能。具体代码如下：

```
01  from tkinter import *
02  win=Tk()
03  mon=5                              # 道具的单价，默认单价是5金币
04  def typ():
05      global mon
06      if val.get()=="绿水晶":        # 道具不同，单价不同
07          mon=5
08      elif val.get()=="红宝石":
09          mon=10
10      else:
11          mon=15
12      pay()
13  def pay():
14      number=int(num.get())          # 获取单价
15      tatal=number*mon               # 计算总价
16      text1="选购 "+val.get()+" 总价 "+str(tatal)+" 金币"
17      label.config(text=text1)
18  win.title("购买道具")
19  Label(win,text="购买道具：").grid(row=0,column=0,pady=10)
20  val=StringVar()                    # 该变量用于绑定道具Spinbox组件
21  val.set("绿水晶")                   # 初始道具
22  Spinbox(win,values=("绿水晶","红宝石","生命水"),textvariable=val,
        command=typ).grid(row=0,column=1,pady=10)
23  Label(win,text="购买数量：").grid(row=1,column=0,pady=10)
```

```
24  num=Spinbox(win,from_=1,to=5,command=pay)
25  num.grid(row=1,column=1,pady=10)
26  Label(win,text="限购5件").grid(row=1,column=2,pady=10)
27  label=Label(win)
28  label.grid(row=3, column=0,columnspan=3, pady=10)
29  win.mainloop()
```

运行效果如图5.24所示。

图5.24 游戏中选择道具自动计算总价

5.4.3 Spinbox组件的相关方法

▶ 视频讲解：资源包\Video\05\5.4.3 Spinbox组件的相关方法.mp4

Spinbox组件提供了诸多操作方法，例如添加与删除选项等。表5.4所示是其中较为常用的一些方法及其含义。

表5.4 Spinbox组件的常用方法及其含义

方　法	含　义
get()	获取 Spinbox 当前的值
insert(index, text)	将 text 参数的内容插入 index 参数指定的位置
selection('from', index)	设置选中范围的起始位置是 index 参数指定的值
selection('to', index)	设置选中范围的结束位置是 index 参数指定的值
selection('range', start, end)	设置选中范围是 start 参数到 end 参数之间的值
selection_element(element=None)	设置或获取选择范围

实例 5.8　实现简易留言本　｜　实例位置：资源包\Code\05\08

在简易留言本中，当用户填写完日记并选择时间后，单击"提交"按钮，在日记本后面自动添加时间。具体代码如下：

```
01  from tkinter import *
02  def show():
03      # 在文本框中添加时间与星期
04      info.insert("insert", "\t时间:%s月%s日 %s\n" % (spmon.get(), spdat.get(), spwek.get(),))
05  win = Tk()
06  win.title("留言本")
```

```
07  mess=Label(win,text="请添加你的留言：").grid(row=0,column=0,columnspan=5,pady=10)
08  spmon=Spinbox(win,from_=1,to=12,width=10)          # 选择月份
09  spmon.grid(row=1,column=0,pady=10)
10  mon=Label(win,text="月").grid(row=1,column=1,pady=10)
11  spdat=Spinbox(win,from_=1,to=30,width=10)          # 选择日期
12  spdat.grid(row=1,column=2,pady=10)
13  dat=Label(win,text="日").grid(row=1,column=3,pady=10)
14  spwek=Spinbox(win,values=("星期一","星期二","星期三","星期四","星期五","星期六",
      "星期日"),width=10)                                 # 选择星期
15  spwek.grid(row=1,column=5,columnspan=3,pady=10)
16  info=Text(win,bg="#BFEFFF",width=50,height=10)      # 添加留言内容的文本框
17  get1 = Button(win, text='提交',width=30 ,bg="#EDB89E",command=show).grid(row=3,
      columnspan=10,pady=10)
18  info.grid(row=2,columnspan=10)
19  win.mainloop()
```

完成代码后运行程序，然后在窗口中选择日期，并添加留言内容，然后单击"提交"按钮，效果如图5.25所示。

图5.25 自动为留言添加时间

5.5 Scale组件

Scale组件是数值范围组件，该组件以滑块的形式规定数值范围，用户通过拖动滑块选择数值。下面进行具体讲解。

5.5.1 Scale组件的基本使用

视频讲解：资源包\Video\05\5.5.1 Scale组件的基本使用.mp4

Scale组件可以规定数值范围，用户只需要拖动滑块就可以选择数值，其语法如下：

```
Scale(win, from_=0, to=50, resolution=1, orient=HORIZONTAL)
```

其中，win为指定的父容器；form_和to指定Scale组件中值的范围，其中from_为最小值，to为最大值；resolution定义滑块每次更改的数值；orient定义组件垂直显示或水平显示，若值为HORIZONTAL，表示水平显示，若值为VERTICAL，表示垂直显示。

例如，添加一个选择范围为1~12的水平Scale组件，具体代码如下：

```
01  from tkinter import *
02  win=Tk()  # 创建根窗口
03  # from_和to表示数值范围，resolution=1表示每次滑块移动增加或减少1
04  # orient=HORIZONTAL表示滑块水平显示
05  Scale(win,from_=1,to=12,resolution=1,orient=HORIZONTAL).pack()
06  win.mainloop()
```

运行效果如图5.26所示。

图5.26 Scale组件的基本使用

除了上述语法中提到的参数，Scale组件还提供了其他一些常用参数，具体如表5.5所示。

表5.5 Scale组件常用参数及其含义

参　数	含　义
activebackground	光标悬停在滑块上时尺度条的背景色
command	当Scale的数值变化时执行某函数
digits	Scale 最大位数
label	标签文字，如果 Scale 是水平显示，则标签显示在其左上角；若 Scale 是垂直显示，则标签显示在右上角
length	组件相对父容器的高度。取值范围为0~1
repeatdelay	按住滑块多久后可以拖动滑块
showvalue	是否显示 Scale 的数值，默认为显示，若值为0，则不显示
tickinterval	Scale 每单位长度的数值
touchcolor	Scale 的颜色
variable	设置或获取目前 Scale 的数值

5.5.2 Scale组件的常用方法

📹 视频讲解：资源包\Video\05\5.5.2 Scale组件的常用方法.mp4

Scale组件还提供了一些常见操作方法，例如设置或获取Scale组件的值等，如下：
- ☑ coords([value])：设置或获取滑块位置相对Scale组件左上角的坐标。若value值为空，则获取滑块所在位置相对Scale组件左上角坐标；反之，则设置滑块所在位置为相对Scale组件左上角坐标。
- ☑ get()：获得当前滑块的值。tkinter模块会尽可能地返回一个整型值，但也可能返回一个浮点型值。
- ☑ identify(x, y)：返回指定位置下的Scale组件的部件，其可能的值有"slider"（滑块）、"trough1"（左侧或上侧的凹槽）、"trough2"（右侧或下侧的凹槽）及""（表示什么都没有）。
- ☑ set(value)：设置Scale组件的值（滑块的位置）。

实例 5.9　通过滑块和左右按钮实现爱心暴击　│　实例位置：资源包\Code\05\09

当移动滑块和单击左右按钮时，每增加一个单位，爱心值增加5。另外，当单击按钮时，滑块上的数值同步改变。具体代码如下：

```python
01  from tkinter import *
02  num=0      # 设置初始值
03  # 单击加号时，滑块向右移动一格，并且计算爱心暴击
04  def up1():
05      if scale1.get() < 50:
06          val = scale1.get() + 1
07          scale1.set(val)
08          num=val*5
09          txt.config(text="爱心暴击 "+str(num))
10  # 单击减号时，滑块向左移动一格，并且计算爱心暴击
11  def down1():
12      if scale1.get() > 0:
13          val = scale1.get() - 1
14          scale1.set(val)
15          num = val * 5
16          txt.config(text="爱心暴击 " + str(num))
17  # 滑动滑块时，计算爱心暴击
18  def hit(widget):
19      num=scale1.get()*5
20      txt.config(text="爱心暴击 " + str(num))
21  win = Tk()
22  win.title("爱心暴击")
23  # txt = Label(text="送TA玫瑰").pack(side="left")
24  txt = Label(text="爱心暴击+0")
25  txt.pack(side=TOP)
26  btndown = Button(win, text="-", command=down1, width=2).pack(side="left")
27  # 设置滑块的取值范围为0~50，步进值为1
28  scale1 = Scale(win, from_=0, to=50, resolution=1, orient=HORIZONTAL,showvalue=0,
     command=hit,troughcolor="#22EBBB")
29  scale1.pack(side="left")
30  num = Entry()
31  btnup = Button(win, text="+", command=up1, width=2).pack(side="left")
32  win.mainloop()
```

运行效果如图5.27所示。

图5.27 Scale组件常用方法的使用

本章 e 学码：关键知识点拓展阅读

PIL	序列索引
command	元组
部件	

e 学码

第 **6** 章

按钮类组件

（ ▶ 视频讲解：57 分钟）

本章概览

按钮相当于用户与计算机沟通的桥梁，tkinter 模块中的按钮组件，只要绑定了方法就可以为我们服务。除此之外，tkinter 模块还提供了单选按钮复选框，这些组件可以帮助用户实现单选或者多选功能。

知识框架

6.1 Button 组件

6.1.1 Button 组件的基本使用

📹 视频讲解：资源包\Video\06\6.1.1 Button组件的基本使用.mp4

无论是网站还是应用程序窗口，按钮都是不可缺少的一部分。通过为按钮绑定事件，可以实现单击按钮执行指定方法。tkinter 模块中的 Button 组件显示的内容，可以是文字，也可以是图片，其语法如下：

```
Button(win, text="提交", command=callback)
```

其中，win 表示父容器；text 指定按钮上显示的文字；command 指定单击该按钮所执行的方法。例如，添加一个提交按钮，具体代码如下：

```
Button(win, text="提交")
```

同样，Button 组件上也可以显示图片。显示图片时，先创建 PhotoImage() 对象，然后在 Button 组件中引入该对象。具体代码如下：

```
01  img = PhotoImage(file='enter.png')          # 创建一个图片对象
02  butback = Button(win, image=img)            # 引入图片对象
```

> **实例 6.1 通过按钮添加图片**　　　　实例位置：资源包\Code\06\01

在窗口中添加一个按钮，并且每单击一次按钮，就在窗口中新增一个图片。具体代码如下：

```
01  def show():
02      # 创建Label标签，在该标签中显示图片
03      Label(win, image=img).pack()
04  from tkinter import *
05  win = Tk()
06  img = PhotoImage(file="laugth.png")                    # 创建图片对象
07  but1 = Button(win, text="添加图片", command=show).pack()    # 添加按钮
08  win.mainloop()
```

运行效果如图 6.1 所示。

图6.1 通过按钮添加图片

6.1.2 Button 组件的相关属性

📹 视频讲解：资源包\Video\06\6.1.2 Button组件的相关属性.mp4

Button 组件同样提供了很多属性，具体如表 6.1 所示。

表6.1 Button组件的相关属性及其含义

属 性	含 义
activebackground	按钮激活时的背景色
activeforeground	按钮激活时的前景色
bd	边框的宽度，默认为2像素
command	单击按钮时执行的方法
image	在按钮上添加的图片
state	设置按钮的状态，可选的值有NORMAL（默认值）、ACTIVE、DISABLED
wraplength	限制按钮每行显示字符的数量
text	按钮的文本内容
underline	设置哪个文字带下画线。例如：取值为0，表示第一个字符带下画线；取值为1，表示第二个字符带下画线

实例 6.2　实现简易密码输入器　　实例位置：资源包\Code\06\02

在窗口中添加简易密码输入器，并且为密码输入器添加后退和确认密码功能。具体步骤如下：
（1）首先创建窗口，然后在窗口中添加按钮及显示密码的文本框等组件。具体代码如下：

```python
01  from tkinter import *
02  win = Tk()
03  win.title("密码输入器")
04  # 密码显示部分
05  pswshow = Entry(win, relief="solid",justify="center" )
06  # 键盘部分
07  but1 = Button(win, text="1", command=lambda: num("1"))
08  but2 = Button(win, text="2", command=lambda: num("2"))
09  but3 = Button(win, text="3", command=lambda: num("3"))
10  but4 = Button(win, text="4", command=lambda: num("4"))
11  but5 = Button(win, text="5", command=lambda: num("5"))
12  but6 = Button(win, text="6", command=lambda: num("6"))
13  but7 = Button(win, text="7", command=lambda: num("7"))
14  but8 = Button(win, text="8", command=lambda: num("8"))
15  but9 = Button(win, text="9", command=lambda: num("9"))
16  back1 = PhotoImage(file='back.png')  # 创建了一个图像对象，后退按钮上的图像
17  but0 = Button(win, text="0",height="1", command=lambda: num("0"))
18  enter2 = PhotoImage(file='enter.png')  # 创建了一个图像对象，确认按钮上的图像
19  butback = Button(win, image=back1, command=back)
20  butok = Button(win, image=enter2, command=enter)
21  pswshow.grid(row=1,columnspan=3)
22  # 布局按钮
23  but1.grid(row=5,sticky=W+E)
```

```
24   but2.grid(row=5, column=1,sticky=W+E)
25   but3.grid(row=5, column=2,sticky=W+E)
26   but4.grid(row=6,sticky=W+E)
27   but5.grid(row=6, column=1,sticky=W+E)
28   but6.grid(row=6, column=2,sticky=W+E)
29   but7.grid(row=7,sticky=W+E)
30   but8.grid(row=7, column=1,sticky=W+E)
31   but9.grid(row=7, column=2,sticky=W+E)
32   butback.grid(ipady=3,row=8,sticky=W+E)
33   but0.grid(row=8, column=1,sticky=W+E)
34   butok.grid(ipady=3,row=8, column=2,sticky=W+E)
35   win.mainloop()
```

（2）然后实现单击数字，在文本框中显示所单击的数字，以及后退和确认密码功能，具体在步骤（1）中的代码的前面添加如下代码：

```
01   def num(a):
02       val = pswshow.get()
03       # 实现输入密码
04       if len(val) < 11:
05           # 先清除原有内容，然后将原有内容同输入的值一起添加到单行文本框
06           pswshow.delete(0, END)
07           pswshow.insert(0, val +" "+ a)
08   # 实现后退功能
09   def back():
10       # 获取文本框的值
11       val = pswshow.get()
12       if len(val) >= 1:
13           # 如果文本框的值的长度大于1，则删除最后一位
14           pswshow.delete(len(val) - 2, END)
15           pswshow.config(text=val[0:len(val) - 2])
16   def enter():
17       val = pswshow.get()
18       # 弹出一个顶层窗口
19       win2 = Toplevel()
20       if len(val) == 11:
21           Label(win2, text="\n\n密码正确，请等待\n\n").pack()
22       else:
23           Label(win2, text="\n\n密码为6位数的数字\n\n").pack()
```

运行效果如图6.2所示。

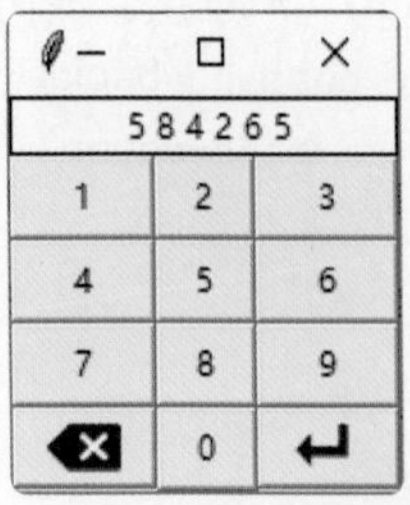

图6.2 简易密码输入器

6.2 Radiobutton 组件

▶ 视频讲解：资源包\Video\06\6.2 单选按钮的相关属性.mp4

6.2.1 Radiobutton 组件的基本使用

▶ 视频讲解：资源包\Video\06\6.2.1 Radiobutton组件的基本使用.mp4

Radiobutton组件可以实现单选，为了保证一组按钮中只能选择一个，将一组单选按钮的variable参数设为同一值，然后通过value参数定义该选项代表的含义。例如，添加一组选择性别的单选按钮，具体代码如下：

```
01  from tkinter import *
02  win=Tk()
03  vali=IntVar()                    # 这一组按钮都将使用vali作为可选的值
04  vali.set("male")                 # 设置默认选中值为male的选项
05  radio1=Radiobutton(win,variable=vali,value="male",text="男").pack()    # 第一个按钮
06  radio2=Radiobutton(win,variable=vali,value="female",text="女").pack() # 第二个按钮
07  win.mainloop()
```

运行效果如图6.3所示。

图6.3 一组单选按钮

实例 6.3 在窗口中显示一则"脑筋急转弯"　　｜　　实例位置：资源包\Code\06\03

在窗口中显示一则"脑筋急转弯"，并且当用户提交答案后，判断用户的答案是否正确。具体代码如下：

```
01  # 判断答案是否正确
02  def result1():
03      if v.get() == 1:
04          re.config(text="答错了，答案是小狗，因为"旺旺仙贝（汪汪先背）"")
05      else:
06          re.config(text="答对了，因为"旺旺仙贝（汪汪先背）"")
07  from tkinter import *
08  win = Tk()
09  win.title("脑筋急转弯")              # 设置窗口标题
10  win.geometry("300x150")            # 设置窗口大小
11  text = Label(win, text="老师让小猫和小狗去背书，请问谁先背书呢",font="14").pack(anchor=W)
12  # 该变量绑定单选按钮的值
13  v = IntVar()
14  ans1=Radiobutton(win,text="小猫",variable=v, value=1,selectcolor="#F1D4C9")
15  ans1.pack(anchor=W)
16  ans2=Radiobutton(win, text="小狗", variable=v, value=2,selectcolor="#F1D4C9")
17  ans2.pack(anchor=W)
18  button = Button(win, text="提交", command=result1,font="14",
     bg="#F1C57E",relief="groove").pack()
19  re = Label(win)                    # 显示答案的Label组件
20  re.pack()
21  win.mainloop()
```

运行效果如图6.4所示。

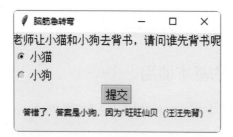

图6.4 Radiobutton组件的实现效果

6.2.2 单选按钮的相关属性

单选按钮提供了很多属性，其常用属性及其含义如表6.2所示。

表6.2 Radiobutton组件的常用属性及其含义

属　　性	含　　义	属　　性	含　　义
image	指定 Radiobutton 显示的图片	selectcolor	选择框的颜色
text	指定 Radiobutton 显示的文本	selecteimage	当该单选按钮被选中时显示的状态
compound	设置图像和文本的排版方式，具体值可参照 Label 组件的 compound 属性	state	指定单选按钮的状态
cursor	当光标悬停在单选按钮上时的样式	value	表示该按钮的值
indicatoron	指定是否绘制单选按钮前面的小圆圈	variable	设置或获取当前选中的单选按钮

说明

Radiobutton 按钮也具有 activebackground、activeforeground、bd、command 等属性。事实上，很多表单组件都具有这些属性且含义相同，后面不再具体列举这些属性，读者可前往 6.1.2 小节查看这些属性的含义。

实例 6.4　实现心理测试功能　　实例位置：资源包\Code\06\04

在心理测试功能中，设置测试题的答案选项为矩形，并且在用户选择完成提交答案后，显示测试结果。具体代码如下：

```
01  # 答案对应的含义
02  def result1():
03      # re.delete("0.0",END)
04      print(v.get())
05      if v.get() == 0:               # 选择"一定会"的答案解析
06          str="答案：\n你自始至终就只有一副的面孔，你讨厌两面派，也讨厌伪装，你觉得无论何时，
        做真实的自己最重要，所以你很少在乎别人的想法。"
07      elif v.get() == 1:             # 选择"很可能会"的答案解析
08          str="答案：\n你有两副面孔，你很擅长伪装，在别人面前，你总是善良懂事，而人后却不停
        打着自己的小算盘。"
```

```
09      elif v.get() == 2:              # 选择"偶尔会"的答案解析
10          str="答案：\n你有三副面孔，在不同的时间段里，你会展示出不同的面孔。早上的时候，
        心情美美，自然体贴善良，而中午遇到问题时，就冷脸相对，而晚上时，你又会彻底放松自己。"
11      else:                           # 选择"绝不会"的答案解析
12          str="答案：\n你有四副面孔，面对不同的人就会使用不同的面孔，例如在亲人和朋友以及
        爱人面前，你给她们的印象都是不同的。"
13      re.config(text=str)
14  from tkinter import *
15  win = Tk()
16  win.title("心理测试题")
17  # 数组存储单选按钮显示的值
18  str1 = ["一定会", "很可能会", "偶尔会", "绝不会"]
19  Label(win, text="测试你的性格有几面", font="14").pack(anchor=W)
20  text = Label(win, text="当你看不惯别人的某些行为时，你会直接指出吗？",
      font="14").pack(anchor=W)
21  v = IntVar()                        # 该变量绑定一组单选按钮的值
22  for i in range(len(str1)):
23      # text为单选按钮旁显示的文字，value为单选按钮的值
24      # indicatoron设置单选按钮为矩形，selectcolor设置被选中的颜色
25      radio = Radiobutton(win, text=str1[i], variable=v, value=i, font="12",
      indicatoron=0, selectcolor="#00ffff")
26      radio.pack(side=TOP, fill=X, padx=20, pady=3)
27  # 提交按钮
28  button = Button(win, text="提交", command=result1, font="14", bg="#4CC6E3")
29  button.pack(side=TOP, fill=X, padx=40, pady=20)
30  # 显示答案解析的Label组件
31  re = Label(win, font="14", height="10", width="40", justify="left",wraplength=320)
32  re.pack(side=TOP, pady=10)
33  win.mainloop()
```

运行效果如图6.5所示。

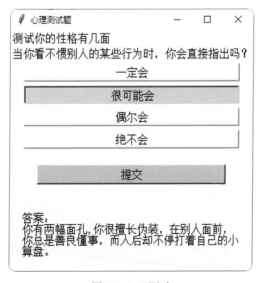

图6.5　心理测试

6.3 Checkbutton 组件

6.3.1 Checkbutton 组件的基本使用

▶ 视频讲解：资源包\Video\06\6.3.1 Checkbutton组件的基本使用.mp4

Checkbutton 组件与 Radiobutton 组件类似，只不过在一组复选框中，用户可以选中多个选项。具体添加复选框的代码如下：

```
01  from tkinter import *
02  win=Tk()
03  val1=IntVar()                # 第一个复选框要绑定的变量
04  checkbox1=Checkbutton(win,variable=val1,text="苹果").pack()    # 第一个复选框
05  val2=IntVar()                # 第二个复选框要绑定的变量
06  checkbox2=Checkbutton(win,variable=val2,text="香蕉").pack()    # 第二个复选框
07  win.mainloop()
```

运行效果如图 6.6 所示。

如果选项较多，可以通过元组或者列表存放选项的文本，具体代码如下：

```
01  from tkinter import *
02  win=Tk()
03  # 通过元组定义复选框的内容
04  fruits=("苹果","香蕉","草莓","百香果","牛油果")
05  for i in fruits:
06      val=IntVar()
07      checkbox1 = Checkbutton(win, variable=val, text=i).pack(side=LEFT)
08  win.mainloop()
```

运行效果如图 6.7 所示。

图 6.6 添加复选框　　　　　　　　图 6.7 通过元组存储复选框的文字

> **注意**
> 上面代码中，如果将第 6 行代码放置在第 4 行代码下面（即放置在 for 循环外），那么通过 for 循环创建的这 5 个复选框都绑定一个变量，这会导致用户选择或取消选择其中一个复选框时，其他复选框都会被选中或取消选中。

6.3.2 判断复选框是否被选中

▶ 视频讲解：资源包\Video\06\6.3.2 判断复选框是否被选中.mp4

判断复选框是否被选中，实际上判断的是为复选框绑定的变量的值。比如绑定的变量类型为整型，那么当复选框被选中，则变量的值为 1，反之则变量的值为 0；如果绑定的变量类型为布尔类型，那么当复选框被选中时，变量的值为 True，反之则变量的值为 False，接下来通过一个实例演示如何判断复选框是否被选中。

> **实例6.5　实现问卷调查功能**　　　　实例位置：资源包\Code\06\05

在问卷调查中，当用户选中或取消选择时，在下方更新用户所选的答案。具体代码如下：

```
01  def result1():
02      # sel=re.cget("text")
03      sel=""
04      for i in range(len(str1)):
05          # 判断是否选中
06          if(check[i].get()==1):
07              sel=sel+str1[i]+" "
08      # 更新Label组件的内容
09      re.config(text=sel)
10  from tkinter import *
11  win = Tk()
12  win.title("调查问卷")
13  # 复选框旁边显示的文字
14  str1 = ["旅游", "追剧上网", "和亲友聚餐", "户外健身"]
15  text = Label(win, text="适当的放松 有益于身心健康，请在下方选出自己最喜欢的放松方式",
        font="14").grid(row=0,column=0,columnspan=6)
16  check=[]
17  for i in range(len(str1)):
18      v = IntVar()
19      checkbox=Checkbutton(win, text=str1[i],
20                  variable=v,                          # 绑定变量
21                  font="12",                           # 设置字号
22                  selectcolor="#00ffff",padx=5)        # 复选框的背景色
23      # 将各复选框的varible存储在一个列表中，便于获取其状态
24      checkbox.grid(row=1,column=i)
25      check.append(v)
26  button = Button(win, text="提交", command=result1, font="14", bg="#EFB4DE").grid(row=3,
        column=0,pady=6,columnspan=6)
27  re = Label(win, font="12",height="5",width="50",bg="#cfcfcf")
28  re.grid(row=4,columnspan=5)
29  win.mainloop()
```

运行效果如图6.8所示。

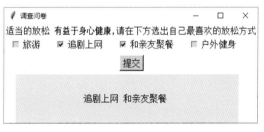

图6.8 显示调查问卷的结果

本章 e 学码：关键知识点拓展阅读

ACTIVE	IntVar()	NORMAL
DISABLED	Label组件中compound属性	像素
indicatoron=0		

e 学码

第 **7** 章

选择列表与滚动条

（ ▶ 视频讲解：1 小时 23 分钟）

本章概览

　　本章主要介绍一些选择组件，并且为这些组件添加滚动条。tkinter 模块中包含的选择组件有 Listbox 及 OptionMenu；而 ttk 模块还提供了 Combobox 组件，该组件相当于 OptionMenu 组件与 Entry 组件的综合休。

知识框架

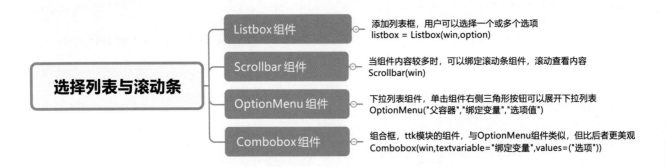

选择列表与滚动条

Listbox 组件 — 添加列表框，用户可以选择一个或多个选项
listbox = Listbox(win,option)

Scrollbar 组件 — 当组件内容较多时，可以绑定滚动条组件，滚动查看内容
Scrollbar(win)

OptionMenu 组件 — 下拉列表组件，单击组件右侧三角形按钮可以展开下拉列表
OptionMenu("父容器","绑定变量","选项值")

Combobox 组件 — 组合框，ttk 模块的组件，与 OptionMenu 组件类似，但比后者更美观
Combobox(win,textvariable="绑定变量",values=("选项"))

7.1 Listbox组件

7.1.1 Listbox组件的基本使用

▶ 视频讲解：资源包\Video\07\7.1.1 Listbox组件的基本使用.mp4

Listbox组件为列表框组件，可以包含一个或多个文本，以便进行单选或者多选。其语法如下：

```
listbox = Listbox(win,option)
```

例如，在窗口中添加一个列表框，然后在列表框中添加一个选项，具体代码如下：

```
01  listbox = Listbox(win)                    # 添加列表框
02  listbox.insert(END, "重庆")               # 列表框中添加选项
```

如果添加的选项较多，可以通过列表存储选项，然后通过for循环向列表框中添加选项。具体代码如下：

```
01  from tkinter import *
02  win=Tk()
03  items=["苹果","香蕉","葡萄","梨","圣女果","百香果"]   # 将选项存储到列表中
04  listbox = Listbox(win,height=6,width=20,relief="solid")  # 创建列表框
05  for i in items:                           # 通过for循环向列表框添加数据
06      listbox.insert(END,i)
07  listbox.pack()
08  win.mainloop()
```

运行效果如图7.1所示。

图7.1 列表框中添加多个选项的效果

实例7.1 **实现展开选择列表功能** | 实例位置：资源包\Code\07\01

在窗口中添加一个文本框，当单击该文本框时展开列表框。具体代码如下：

```
01  # 通过bind()方法绑定鼠标事件时，会将鼠标的位置坐标作为参数传递，所以即使该功能中不需要该参数，
        也需要接收该参数
02  def show(event):
03      for i in items:
04          listbox.insert(END, i)            # 向列表框中添加选项
05      listbox.pack(fill=X)
06  from tkinter import *
07  win = Tk()
08  win.title("Listbox的初级使用")            # 设置窗口的标题
```

```
09   win.geometry("180x150")                              # 设置窗口大小
10   # 添加列表框
11   listbox = Listbox(win, bg="#FFF8DC", selectbackground="#D15FEE",
         selectmode="multiple", height=5, width=25)
12   items = ["重庆", "北京", "天津", "上海", "广州", "深圳"]   # 列表存储选项
13   enc=Entry(win)                                        # 添加单行文本框
14   enc.pack(fill=X)
15   # 为文本框绑定事件，当单击文本框时，执行show()函数
16   enc.bind("<Button-1>",show)
17   win.mainloop()
```

运行程序，可以看到窗口中有一个空白文本框，如图7.2所示。单击该文本框会展开列表框，如图7.3所示。

图7.2 初始运行效果

图7.3 展开列表框

7.1.2 Listbox组件的相关属性

视频讲解：资源包\Video\07\7.1.2 Listbox组件的相关属性.mp4

Listbox组件同样提供了诸多属性，其中很多属性与Button等组件的属性类似，读者可以参照本书6.1.2小节。表7.1展示了Listbox组件特有的属性及其含义。

表7.1 Listbox组件特有的属性及其含义

属　　性	含　　义
listvariable	指向一个StringVar变量，用于存放Listbox组件所有项目
selectbackground	某个选项被选中时的背景色
selectmode	选择模式，值可以是"single（单选）""browse（单选）"（可以拖动鼠标或使用方向键改变选项）、"multiple（多选）""extended（多选）"（可以通过<Shift>键、<Ctrl>键或者拖动鼠标实现多选）
takefocus	指定列表框是否可以通过<Tab>键转移焦点
xscrollcommand	为列表框添加水平滚动条
yscrollcommand	为列表框添加垂直滚动条

实例7.2　获取列表框的当前选项　　　实例位置：资源包\Code\07\01

改进实例7.1的代码，当双击列表框中的选项时，将选项内容添加到文本框中。改进后的代码如下：

```
01  def show(ele):
02      listbox.pack(fill=X)
03  # 获取列表中当前选中的值，并且显示在文本框中
04  def typeIn(event):
05      enc.delete(0,END)
06      enc.insert(INSERT,listbox.get(listbox.curselection()))
07  from tkinter import *
08  win = Tk()
09  win.title("Listbox的初级使用")
10  win.geometry("180x150")
11  val=StringVar()
12  val.set("重庆 北京 天津 上海 广州 深圳")  # 列表框中所有选项内容
13  listbox = Listbox(win, bg="#FFF8DC", selectbackground="#2C92DF", selectmode="single",
     height=6, width=25,listvariable=val)
14  enc=Entry(win)
15  enc.pack(fill=X)
16  # 为文本框绑定事件，当单击文本框时，执行show()函数
17  enc.bind("<Button-1>",show)
18  # 为列表框绑定双击事件，当双击文本框时，执行typeIn()函数
19  listbox.bind("<Double-Button-1>",typeIn)
20  win.mainloop()
```

运行程序，然后在展开的下拉列表中双击选项"上海"，可以看到文本框中显示"上海"，效果如图7.4
所示。

图7.4 双击选中列表框中的内容

7.1.3 Listbox组件的相关方法

📹 视频讲解：资源包\Video\07\7.1.3 Listbox组件的相关方法.mp4

Listbox组件提供了许多方法，具体如表7.2所示。

表7.2 Listbox组件的相关方法及其含义

方　法	含　义
insert(index,text)	向列表框中指定位置添加选项，index表示索引，text表示添加的选项
delete(start,[end])	删除列表框中start到end区间的选项，如果省略end，则表示删除索引为start的选项
selection_set(start,[end])	选中列表框中start到end区间的选项，如果省略end，则选取索引为start的选项
selection_get(index)	获取某项的内容，index为所获取项的索引值

方　法	含　义
size()	获取列表框组的长度
selection_includes()	判断某项是否被选中

实例7.3　实现仿游戏内编辑快捷信号的功能　　　实例位置：资源包\Code\07\03

《王者荣耀》是一款深受年轻人喜爱的多人竞技游戏，该游戏中有一个功能：玩家在局外编辑的快捷信号，可以在局内快速向其他玩家发送。本实例实现一个类似于在游戏中编辑快捷信号的功能，并将现有快捷信号显示到系统信号栏中。具体代码如下：

```
01  from tkinter import *
02  # 该方法的第一个参数原列表，第二个是目标列表
03  def add(from1,to1):
04      # from1.curselection()  为获取选中的项的序号元组
05      item1=from1.get(from1.curselection())    #获取选中的项的内容
06      to1.insert(END,item1)                    #在目标列表中插入选项
07      from1.delete(from1.curselection())       #删除原目标组中的该选项
08  win=Tk()
09  win.title("添加快捷消息列表")
10  win.geometry("250x200")
11  Label(win,text="系统信号").grid(row=0,column=0)
12  Label(win,text="快捷信号").grid(row=0,column=2)
13  # 列表内容
14  val1=StringVar()        # 系统信号
15  val1.set("发起进攻 请求集合 小心草丛 跟着我")
16  val2=StringVar()        # 快捷信号
17  val2.set("开始撤退 清理兵线 回防高地 请求支援")
18  # 添加列表组件
19  listbox1 = Listbox(win, bg="#FFF8DC", selectbackground="#D15FEE", selectmode="single",
    listvariable=val1, height=8, width=10)
20  listbox2 = Listbox(win, bg="#C1FFC1", selectbackground="#D15FEE", selectmode="single",
    listvariable=val2, height=8, width=10)
21  listbox1.grid(row=1,column=0,rowspan=2)
22  listbox2.grid(row=1,column=2,rowspan=2)
23  btn1=Button(win,text=">>>",command=lambda :add(listbox1,listbox2)).
    grid(row=1,column=1,padx=10)
24  btn2=Button(win,text="<<<",command=lambda :add(listbox2,listbox1)).
    grid(row=2,column=1,padx=10)
25  win.mainloop()
```

运行效果如图7.5所示。单击"系统信号"中的"跟着我"选项，然后单击按钮">>>"即可将该条消息添加至"快捷信号"，如图7.6所示。

图7.5 在"系统信号"中选中消息　　　图7.6 将信号添加至"快捷信号"

7.2 Scrollbar 组件

视频讲解：资源包\Video\07\7.2 Scrollbar滚动条组件.mp4

Scrollbar组件通常被绑定到Listbox、Canvas等组件上，用于滚动显示Listbox、Canvas等组件中的内容。其语法如下：

```
Scrollbar(win)
```

其中，win 为父容器。

实例7.4　为列表框绑定滚动条　　　实例位置：资源包\Code\07\04

当列表框的选项较多时，无法在窗口中完全展开所有的选项，此时就需要添加滚动条。当用户拖动滚动条时，展开列表框的其余内容。接下来实现为列表框绑定滚动条，然后获取用户选中的多种水果。具体代码如下：

```
01  def gettext(event):
02      str=""                               # 因为可以多选，所以定义字符串来存储选择结果
03      index1 = fruites.curselection()      # 获取选中项的内容
04      # 通过for循环判断每个选项是否被选中
05      for item in index1:
06          str+=fruites.get(item)+"、"
07      label.config(text="你选择了"+str)
08  from tkinter import *
09  win=Tk()
10  win.configure(bg="#F5D7C4")              # 设置窗口背景色
11  win.geometry("240x240")                  # 设置窗口大小
12  label=Label(win,height=5,wraplength=190,justify="left",bg="#F1DAA1",relief="groove")
13  label.pack(side="top",fill="x",padx="10",pady="10")
14  scr1=Scrollbar(win)                      # 添加滚动条
15  # 列表框的选项
16  listitem=["苹果","香蕉","草莓","樱桃","梨","柚子","菠萝","橘子","葡萄","柠檬","奇异果","百香果",
      "牛油果","西瓜"]
17  # 通过yscrollcommand参数将列表框与滚动条绑定
18  fruites=Listbox(win,height=7,yscrollcommand=scr1.set,selectmode="multiple",
      justify="center",width=30)
19  for i in listitem:
20      fruites.insert(END, i)               # 添加列表框中的选项
21  fruites.pack(side="left",fill="x")
```

```
22   fruites.bind("<<ListboxSelect>>",gettext)
23   scr1.pack(side="left",fill="y")
24   scr1.config(command=fruites.yview)
25   win.mainloop()
```

　　运行代码，可以通过滚动鼠标滚轮和拖动滚动条两种方式查看列表中的其余内容。选择选项后，上面的标签组件中会显示选择结果。效果如图7.7所示。

图7.7　为列表框绑定滚动条

7.3　OptionMenu 组件

7.3.1　OptionMenu 组件的基本使用

📺 视频讲解：**资源包\Video\07\7.3.1 OptionMenu组件的基本使用.mp4**

　　OptionMenu 为下拉列表组件，用户可以单击按钮展开下拉列表，并且选择其中的一项。例如，在窗口中添加一个tkinter模块的OptionMenu组件，具体代码如下：

```
01   from tkinter import *
02   win=Tk()
03   val=StringVar()                      # 设置一个变量，该变量绑定OptionMenu组件
04   # 括号中的三个参数依次表示：父容器、绑定的变量和供选择的选项
05   optionmenu=OptionMenu(win,val,"苹果","香蕉","橘子","草莓")
06   optionmenu.pack()
07   win.mainloop()
```

　　运行效果如图7.8所示。

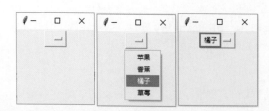

图7.8　tkinter模块中的OptionMenu组件效果

　　如果下拉列表的选项较多，可以通过元组存储选项内容。所以可以将上述代码的第5行，修改为以下两行代码，其实现效果不变。

```
01   fruits=("苹果","香蕉","橘子","草莓")
02   optionmenu=OptionMenu(win,val,*fruits)
```

实例7.5 在下拉列表中显示歌曲列表 | 实例位置：资源包\Code\07\05

在下拉列表中显示自己的歌曲列表，具体代码如下：

```
01  # OptionMenu的初级使用
02  from tkinter import *
03  win = Tk()  # 创建根窗口
04  win.geometry("150x220")
05  win.title("OptionMenu的创建")
06  Label(text="我的歌单：").pack(fill="x",anchor="w")
07  # 通过元组存储选项
08  list=('逞强---刘洋洋','时间的过客---名诀','情深几许---香子',
09         '我爱---袁娅维', '一个人挺好---梦颖','世间美好---夏艺涵','念旧---阿悠悠')
10  v = StringVar(win)
11  # 通过"*"+元组，设置下拉列表的选项
12  om = OptionMenu(win,v,*list).pack(fill="x")
13  win.mainloop()
```

运行效果如图7.9所示。

图7.9 在下拉列表中显示歌曲列表

7.3.2 OptionMenu组件相关方法的使用

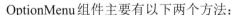

视频讲解：资源包\Video\07\7.3.2 OptionMenu组件相关方法的使用.mp4

OptionMenu组件主要有以下两个方法：

☑ set()：设置下拉菜单默认被选中的值。

☑ get()：获取下拉菜单当前被选中的值。

接下来通过一个实例演示OptionMenu组件的使用方法。

实例7.6 实现逻辑推理题 | 实例位置：资源包\Code\07\06

在窗口中添加逻辑推理题，使用下拉列表显示4个答案选项，待用户提交答案后，判断用户的答案是否正确。具体代码如下：

```
01  # OptionMenu高级使用
02  from tkinter import *
03  def result():
04      # 判断选择是否正确
```

```
05      if v.get()==items[2]:
06          re.config(text="答对了")
07      else:
08          re.config(text="答错了，小偷是"+items[2])
09  win = Tk()
10  win.title("逻辑推理谁是小偷")              # 设置窗口标题
11  win.configure(bg="#ffffcc")
12  # 创建一个OptionMenu控件
13  text=Text(win,width=50,height=13,bg="#ffffcc",font=14,relief="flat")
14  # 题目
15  ques="一位警察，抓获四个盗窃嫌疑犯，张三、李四、王二、麻子，而他们的供词如下：\n\n
        张三说："不是我偷的。"\n\n李四说："是张三偷的。"\n\n王二说："不是我。"\n\n
        麻子说："是李四偷的。"\n\n他们四人只有一人说了真话，你知道谁是小偷吗？\n"
16  text.insert(END,ques)                    # 向文本框增加内容
17  text.grid(row=1,columnspan=4)
18  text.config(state="disabled")    # 设置文本不可编辑
19  items = ("张三","李四","王二","麻子")         # 答案选项
20  v = StringVar(win)
21  v.set(items[0])                          # 设置默认答案
22  om = OptionMenu(win,v,*items)
23  om.grid(row=2,columnspan=2)
24  button=Button(win,text="确定",command=result).grid(row=2,column=1,columnspan=2)
25  re=Label(win,padx=5,pady=5,width=60)
26  re.grid(row=3,column=0,columnspan=3)
27  win.mainloop()
```

运行效果如图7.10所示。

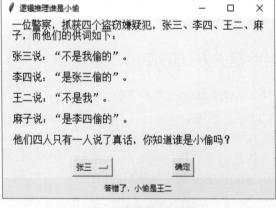

图7.10 实现逻辑推理题

说明

ttk 模块的 OptionMenu 组件与 tkinter 模块的 OptionMenu 组件样式差异比较大，下面展示在窗口中添加 ttk 模块中的 OptionMenu 组件的代码及表现样式。具体代码如下：

```
01  from tkinter import *
02  from tkinter.ttk import *                    # 导入ttk模块
03  win=Tk()
```

```
04    val=StringVar(win)                              # 定义变量，该变量绑定下拉列表
05    fruits=("苹果","香蕉","橘子","草莓")             # 定义选项
06    optionmenu=OptionMenu(win,val,*fruits,)          # 添加下拉列表
07    optionmenu.pack()
08    win.mainloop()
```

运行效果如图 7.11 所示。

图7.11　ttk 模块的OptionMenu组件样式

通过图 7.11 可以看出，ttk 模块中的 OptionMenu 组件比 tkinter 模块中的 OptionMenu 组件的样式好看许多。

7.4　Combobox组件

7.4.1　Combobox组件的基本使用

▶ 视频讲解：资源包\Video\07\7.4.1　Combobox组件的基本使用.mp4

　　Combobox 组件是 ttk 模块中的组件，它相当于 Entry 组件和 OptionMenu 组件的组合，用户既可以在文本框中输入内容，也可以单击文本框右侧的按钮展开下拉菜单，其语法如下：

```
Combobox(win,textvariable=StringVar(),values=("苹果", "香蕉", "梨"))
```

其中，win 表示父容器；textvariable 表示Combobox 的变量值；values 通常为一个元组，表示组合框的选项值。

　　例如，在窗口中添加一个组合框，具体代码如下：

```
01    from tkinter import *
02    from tkinter.ttk import *                        # 导入ttk模块
03    win=Tk()
04    val=StringVar()                                  # 定义变量，该变量绑定组合框
05    fruits=("苹果","香蕉","橘子","草莓")             # 组合框的选项值
06    Combobox(win,textvariable=val,values=fruits).pack(padx=10,pady=10)
07    win.mainloop()
```

运行效果如图 7.12 所示。

图 7.12　Combobox 组件的基本使用

实例7.7　以管理员的身份查看报表 | 实例位置：资源包\Code\07\07

使用Combobox组件实现以管理员身份查看报表的功能，在查看报表窗口中，需要管理员选择身份和需要查看的报表内容。具体代码如下：

```
01  from tkinter import *
02  from tkinter.ttk import *                          # 导入ttk模块
03  win = Tk()
04  win.title("Combobox的创建")
05  label1=Label(win,text="选择管理员身份：").grid(row=1,column=0,columnspan=2,pady=10)
06  # 管理员身份
07  item=("蓝色妖姬", "烈焰焚情", "寒冰幽兰", "岁岁芳华", "朝暮盈霄","陌上花开")
08  # 添加选择管理员身份的组合框
09  useroption = Combobox(win, width=12, values=item)
10  useroption.grid(row=1,column=2,pady=10)            # 设置其在界面中出现的位置
11  useroption.current(0)                              # 设置下拉列表默认显示的值，0为item的值
12  label2=Label(win,text="查看类别：").grid(row=2,pady=10,columnspan=2)
13  # 添加报表类别的选项
14  numberChosen = Combobox(win,width=12,values=("进销总览","销量","库存", "进售价","账单"))
15  numberChosen.grid(row=2,column=2,pady=10)
16  numberChosen.current(0)
17  button=Button(win,text="提交").grid(row=3,columnspan=4,pady=10)
18  win.mainloop()
```

运行效果如图7.13所示。

图7.13　以管理员身份查看报表

7.4.2　Combobox组件的相关方法

📹 视频讲解：资源包\Video\07\7.4.2 Combobox组件的相关方法.mp4

Combobox组件常用的方法有3个，分别是get()、set()、current()，其具体功能如下：

☑ get()：获取当前被选中的选项。

☑ set(value)：设置当前选中的值为value。

☑ current(index)：设置默认选中索引为index的选项。

下面通过设置会员卡类型演示上述各方法的作用。具体代码如下：

```
01  def set1():
02      combobox1.set("128元钻石卡会员")          # 设置当前值为最后一项
03  def get1():
04      str=combobox1.get()                      # 获取当前选中的值
05      label.config(text="恭喜！"+str+"办理成功")
06      label.grid(row=2,column=0,columnspan=3)
07  from tkinter import *
```

```
08  from tkinter.ttk import *
09  win = Tk()
10  Label(win,text="选择会员：").grid(row=0,column=0)
11  val = StringVar()
12  combobox1 = Combobox(win, textvariable=val)
13  # 设置组合框的选项
14  combobox1["values"]=("38元银卡会员", "58元金卡会员", "88元白金卡会员", "128元钻石卡会员")
15  combobox1.current(0)                # 设置默认值
16  combobox1.grid(row=0,column=1,pady=10)
17  Button(win,text="一键选择钻石会员",command=set1).grid(row=0,column=2)
18  Button(win,text="提交",command=get1).grid(row=1,column=0,columnspan=3,pady=10)
19  label=Label(win,foreground="red",font=14)
20  win.mainloop()
```

运行本实例，可看到初始效果如图7.14所示，单击按钮"一键选择钻石会员"可看到Combobox组件中的值被设置为"128元钻石卡会员"，如图7.15所示。提交后，下方会显示"恭喜!128元钻石卡会员办理成功"信息，如图7.16所示。

图7.14 初始效果　　　　　　　　　　　　　　　图7.15 获取Combobox组件的值

图7.16 显示"恭喜!128元钻石卡会员办理成功"信息

实例7.8 实现添加日程功能　　　　　　实例位置：资源包\Code\07\08

在添加日程窗口中，选择日期及添加事项后，单击"确定"按钮，下方就会列出用户的日程。具体代码如下：

```
01  from tkinter import *
02  from tkinter.ttk import *
03  # 根据月份设置每月的天数
04  def getMon(a):
05      items = monOption.get()
06      # 当月份为4、6、9、11时，日期为30天
07      if items == "4" or items == "6" or items == "9" or items == "11":
08          b = tuple(range(1, 31))
09      elif items == "2":                  # 当月份为2时，日期为28天
10          b = tuple(range(1, 29))
11      else:                               # 其余月份日期为31天
12          b = tuple(range(1, 32))
```

```
13        dateOption["values"] = b
14  # 获取日期及事项，并列在下方标签中
15  def getDate():
16      info = label3.cget("text")
17      temp = monOption.get() + "月" + dateOption.get() + "日: \t" + text.get("0.0", END)
18      label3.config(text=info + temp)
19      text.delete("0.0", END)
20  win = Tk()
21  win.title("添加日程")
22  number = StringVar()
23  # 1~12月
24  a = tuple(range(1, 13))                          # 月份元组
25  monOption = Combobox(win, width=5, textvariable=number, values=a)
26  monOption.current(0)                             # 设置默认选中1月
27  monOption.grid(row=1,column=0,sticky="E",columnspan=2)
28  # 为Combobox组件绑定事件，当进行选择时，触发事件
29  monOption.bind("<<ComboboxSelected>>", getMon)   # 当月份选择改变时，触发getMon()事件
30  label1 = Label(win, text="月").grid(row=1, column=2, sticky=W)
31  # 默认每月的天数为31天
32  b = tuple(range(1, 32))                          # 日期元组
33  dateOption = Combobox(win, width=5, values=b)    # 日期选择组合框
34  dateOption.grid(row=1, column=3, pady=10,columnspan=2)
35  dateOption.current(0)                            # 默认选中日期为1号
36  label2 = Label(win, text="日").grid(row=1, column=5, sticky="w")
37  text = Text(win, width=40, height=10)            # 添加事项的文本框
38  text.grid(row=2, columnspan=8)
39  button = Button(win, text="确定", command=getDate).grid(row=3,columnspan=8)
40  label3 = Label(win)                              # 显示日程的标签
41  label3.grid(row=4, columnspan=8)
42  win.mainloop()
```

运行程序，选择日期，在多行文本框中输入具体日程，如图7.17所示。单击"确定"按钮，就会在下方显示日程信息，如图7.18所示。

图7.17 编辑日程信息

图7.18 显示日程信息

本章 e 学码：关键知识点拓展阅读

canvas	StringVar()
curselection()	列表框的长度
listbox.insert(END, …)	

第 **8** 章

容器组件

（ ▶ 视频讲解：60 分钟）

前面介绍组件时，将所有组件的父容器都设置为根窗口，这样布局有一个缺点，就是当窗口中的组件较多时，对组件进行管理会比较困难。为解决这一问题，tkinter模块提供了一些容器组件，当布局窗口时，可以将功能性组件按照功能或者位置等不同的需求放置在不同的容器中以便于管理。下面介绍tkinter模块中的容器组件。

知识框架

8.1 Frame组件

8.1.1 Frame组件的基本概念

 视频讲解：资源包\Video\08\8.1.1 Frame组件的基本使用.mp4

Frame组件是tkinter模块中的容器组件，如果窗口中的组件比较多，管理起来会比较麻烦，这时就可以使用Frame组件将组件分类管理。其语法如下：

```
Frame(win)
```

其中win为父容器，该参数可以省略。

> **说明** Frame组件同前面的功能性组件一样，需要使用pack()方法、grid()方法或者place()方法进行布局管理。

| 实例8.1 设置鼠标指针悬停在Frame组件上的样式 | 实例位置：资源包\Code\08\01 |

在窗口中添加6个Frame组件，并且设置鼠标指针悬停在奇数和偶数组件上的样式不同。具体代码如下：

```
01  from tkinter import *
02  win = Tk()
03  win.geometry("360x180")
04  for i in range(6):  # 因为添加多个Label组件，所以采用循环实现
05      if i % 2 == 0:
06          # 偶数Frame组件的背景色为#b1ffbb，鼠标指针悬停时形状为cross
07          Frame(bg="#B1FFBB",width=60,height=40,cursor="cross").
                  grid(row=0,column=i,pady=10)
08      else:
09          # 奇数Frame组件的背景色为#ffd9c5，鼠标指针悬停时形状为plus
10          Frame(bg="#FFD9C5", width=60, height=40, cursor="plus").
                  grid(row=0, column=i,pady=20)
11  win.mainloop()
```

运行效果如图8.1和图8.2所示。

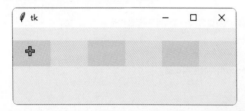

图8.1 鼠标指针悬停在奇数Frame组件上时的样式

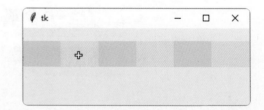

图8.2 鼠标指针悬停在偶数Frame组件上时的样式

8.1.2 使用Frame组件管理组件

 视频讲解：资源包\Video\08\8.1.2 使用Frame组件管理组件.mp4

使用Frame组件管理组件，就是将各组件按照功能、位置等条件进行区分，并放置在不同的Frame组件中（将组件的父容器设置为对应的Frame组件）。例如，将一个Label组件和一组单选按钮放置在同一个Frame组件中，具体代码如下：

```
01   win=Tk()
02   win.geometry("360x120")
03   box=Frame(width=100,height=100,relief="groove",borderwidth=5)   # 定义容器组件
04   box.grid(row=0,column=0,pady=10,padx=10)          # 布局容器组件
05   txt="   小明去钓鱼，结果6条无头，8条只有半个身子，9条无尾，请问小明一共钓了几条鱼？"   # 题目
06   Label(box,text=txt,wraplength=320,justify="left",font=14).grid(columnspan=4)
07   select=["8条","6条","9条","0条"]                   # 答案选项
08   val=IntVar()                                      # 将这一组单选按钮的值绑定为val变量
09   for i in range(len(select)):
10       # 添加单选按钮，并且定义父容器为box
11       Radiobutton(box,text=select[i],value=i,variable=val).grid(row=1,column=i)
12   win.mainloop()
```

运行效果如图8.3所示。

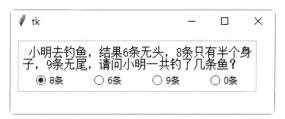

图8.3　在Frame组件中添加组件

实例8.2　使用Frame组件实现显示地铁信息的功能　｜　实例位置：资源包\Code\08\02

在窗口中使用Frame组件显示地铁站的当前地铁信息。具体代码如下：

```
01   from tkinter import *
02   from tkinter.ttk import *          # 因为使用了ttk模块中的Separator分隔线，所以导入ttk模块
03   win=Tk()
04   win.title("长春市轨道交通1号线")
05   win.configure(background="#AFEBE5")
06   sty1=Style()                       # 左侧部分的样式
07   sty1.configure("BW.TLabel", foreground="#fff", background="red")
08   sty2=Style()                       # 右侧部分的样式
09   sty2.configure("BW.TFrame", background="#AFEBE5")
10   win.geometry("250x200")
11   win.configure(bg="#AFEBE5")
12   # 左侧容器，显示时间及当前车次信息
13   left=Frame(win,style="BW.TLabel",width=260)
14   left.pack(side=LEFT)
15   # 左侧第一部分显示当前月份、日期和时间信息
16   Label(left,text="2024-03-08",background="red",foreground="#fff").pack()
17   Label(left,text="06:49",background="red",foreground="#fff").pack()
18   Label(left,text="星期五 Fri",background="red",foreground="#fff").pack()
19   Separator(left,orient=HORIZONTAL).pack(side=TOP,fill=X)
20   # 左侧第二部分显示当前站的站名
21   Label(left,text="本站",background="red",foreground="#fff").pack(ipady=5)
22   Label(left,text="解放大路",background="red",foreground="#fff").pack(ipady=5)
23   Separator(left,orient=HORIZONTAL).pack(side=TOP,fill=X)
```

```
24    # 左侧第三部分，显示当前车次的前进方向
25    Label(left,text="前进方向",background="red",foreground="#fff").pack(ipady=5)
26    Label(left,text="东环城路",background="red",foreground="#fff").pack(ipady=5)
27    # 右侧容器，提醒注意安全等
28    right=Frame(win,width=260,style="BW.TFrame")
29    right.pack(side=LEFT)
30    Label(right,text="请排队上下车先下后上",background="#AFEBE5",justify="center",
          wraplength=100,font=16).pack(padx=40)
31    win.mainloop()
```

运行效果如图8.4所示。

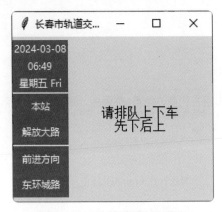

图8.4 显示地铁站的车次信息

8.1.3 在Frame组件中添加单选按钮与复选框

📹 视频讲解：资源包\Video\08\8.1.3 在Frame组件中添加单选按钮与复选框.mp4

接下来通过实现全选与反选功能的实例，来演示Frame组件的使用方法。

实例8.3　实现全选、全不选与反选功能	实例位置：资源包\Code\08\03

在窗口中添加两个容器，第一个容器中添加"全选"、"全不选"与"反选"这3个单选按钮，第二个容器中添加各复选框。具体步骤如下：

（1）首先添加两个Frame组件，分别放置单选按钮与复选框，具体代码如下：

```
01    from tkinter import *
02    win=Tk()
03    frame1=Frame(win,width=200,height=50)    # 第一个容器，放置单选按钮
04    frame1.grid(row=0,column=0)
05    frame2=Frame()                            # 第二个容器，放置复选框
06    frame2.grid(row=1,column=0)
07    val=BooleanVar()                          # 定义一个tkinter模块的变量，用于为单选按钮绑定变量
08    val.set(1)                                # 设置默认选中第2项（全不选）
09    # 单选按钮
10    radio1=Radiobutton(frame1,value=0,variable=val,text="全选",command=all)
11    radio1.grid(row=0,column=0)
12    radio2=Radiobutton(frame1,value=1,variable=val,text="全不选",command=none)
13    radio2.grid(row=0,column=1)
```

```
14  radio3=Radiobutton(frame1,value=2,variable=val,text="反选",command=inverse)
15  radio3.grid(row=0,column=3)
16  # 选项
17  fruits=["苹果","香蕉","葡萄","草莓","柠檬"]
18  checkbox=[]                          # 将复选框放置到一个列表中
19  for index,item in enumerate(fruits):
20      str=BooleanVar()
21      str.set(False)
22      Checkbutton(frame2,text=item,variable=str).grid(row=index+1,column=1)   # 复选框
23      checkbox.append(str)
24  win.mainloop()
```

（2）然后实现全选、全不选及反选功能，在步骤（1）前面添加如下代码：

```
01  # 全选
02  def all():
03  # 通过for循环设置每一个复选框的状态为选中
04      for index,item in enumerate(checkbox):
05          item.set(True)
06  # 全不选
07  def none():
08      # 通过for循环设置每一个复选框的状态为不选中
09      for index,item in enumerate(checkbox):
10          item.set(False)
11  # 反选
12  def inverse():
13      # 逐一判断复选框是否选中，如果选中，则取消选中，反之则选中
14      for index,item in enumerate(checkbox):
15          if item.get()==False:
16              item.set(True)
17          else:
18              item.set(False)
```

运行效果如图8.5与图8.6所示。

图8.5 全选效果

图8.6 反选效果

8.2 LabelFrame组件

📹 视频讲解：资源包\Video\08\8.2 LabelFrame标签框架组件.mp4

LabelFrame组件是标签框架组件，该组件可用来将一系列相关联的组件放置在一个容器内。默认

情况下，该组件会绘制边框将子组件包围，并且为其显示一个标题。其语法如下：

```
labelframe=LabelFrame(win,text="这是标题")
```

例如，将一组单选按钮放置在一个LabelFrame组件中，具体代码如下：

```
01  from tkinter import *
02  win=Tk()
03  labelframe=LabelFrame(win,text="选择你的出战英雄")   # 添加LabelFrame组件
04  labelframe.grid(row=0,ipadx=10,ipady=10,column=1)
05  hero=StringVar()
06  hero.set("貂蝉")
07  # 在容器中添加单选按钮
08  Radiobutton(labelframe,variable=hero,text="貂蝉",value="貂蝉").grid(row=1,column=1)
09  Radiobutton(labelframe,variable=hero,text="吕布",value="吕布").grid(row=2,column=1)
10  Radiobutton(labelframe,variable=hero,text="小乔",value="小乔").grid(row=3,column=1)
11  Radiobutton(labelframe,variable=hero,text="周瑜",value="周瑜").grid(row=4,column=1)
12  win.mainloop()
```

运行效果如图8.7所示。

图8.7 将一组单选按钮放置在LabelFrame组件中

实例8.4 实现游戏中的礼品兑换功能 | 实例位置：资源包\Code\08\04

在礼品兑换窗口中，将游戏图标、输入兑换码的文本框及兑换按钮都放置在LabelFrame组件中，具体代码如下：

```
01  def duihuan():
02      txt=entry.get()
03      # 判断兑换码是否为空，若为空，则兑换码无效
04      if len(txt)>0:
05          re.config(text="兑换成功!")
06      else:
07          re.config(text="兑换码无效!")
08      re.grid(row=4,column=2)
09  from tkinter import *
10  win=Tk()
11  win.geometry("270x220")
12  # 添加标签框架，并且设置标题为"礼品兑换"
13  labelframe=LabelFrame(win,text="礼品兑换",bg="#FFF5D7",padx=20,pady=10,font=14)
14  labelframe.grid(row=0,ipadx=10,ipady=10,column=1)
```

```
15  img=PhotoImage(file="cat.png")
16  # 添加游戏图标
17  Label(labelframe,image=img,bg="#FFF5D7").grid(row=1,column=2)
18  Label(labelframe,text="兑换码：",bg="#FFF5D7").grid(row=2,column=1,pady=10)
19  entry=Entry(labelframe)  # 添加兑换码文本输入框
20  entry.grid(row=2,column=2,pady=10)
21  Button(labelframe,text="确认兑换",borderwidth=1,bg="#4EB1FF",
        command=duihuan).grid(row=3,column=2)
22  re=Label(labelframe,bg="#FFF5D7",font=16,fg="red")
23  win.mainloop()
```

运行效果如图8.8所示。

图8.8　游戏中的礼品兑换

8.3 Toplevel组件

8.3.1 Toplevel组件的基本使用

📹 视频讲解：资源包\Video\08\8.3.1 Toplevel组件的基本使用.mp4

　　Toplevel组件可以新弹出一个窗口，并显示在父窗口的上层。当父窗口被关闭时，Toplevel窗口也会被关闭，但是关闭Toplevel窗口并不影响父窗口。

　　其语法如下：

```
win2=Toplevel()
```

　　例如，单击根窗口中的按钮，弹出一个顶层窗口。具体代码如下：

```
01  # Toplevel组件
02  def creat():
03      top=Toplevel()                    # 创建顶层窗口
04      top.geometry("150x150")           # 设置顶层窗口的大小
05      top.title("创建顶层窗口")          # 顶层窗口的标题
06      top.configure(bg="#D8EBB8")       # 顶层窗口的背景色
```

```
07          Label(top,text="这是Toplevel组件窗口").pack()
08   from tkinter import *
09   win1=Tk()
10   win1.geometry("200x200")                    # 设置父窗口的大小
11   win1.configure(bg="#F7D7C4")                 # 设置父窗口的背景色
12   Button(win1,text="创建顶层窗口",command=creat).pack()
13   win1.mainloop()
```

运行效果如图8.9所示，单击其中的按钮，弹出顶层窗口，如图8.10所示。

图8.9 根窗口   图8.10 弹出顶层窗口

 说明   3.2 节和 3.3 节讲解的窗口的相关属性和方法都适用于 Toplevel 顶层窗口。

8.3.2 Toplevel 组件的高级使用

▶ 视频讲解：资源包\Video\08\8.3.2 Toplevel组件的高级使用.mp4

下面通过Toplevel组件实现窗口会话框。

实例8.5 模拟游戏中玩家匹配房间及提醒玩家准备的功能	实例位置：资源包\Code\08\05

很多多人互动游戏都是将多个玩家匹配到一个"房间"，当这个"房间"里的所有玩家进入准备状态后，游戏才能开始。下面实现窗口会话框，模拟玩家匹配房间及提醒玩家准备的功能。具体代码如下：

```
01   # Toplevel组件
02   from tkinter import *
03   def begin():
04       # 顶层窗口提示玩家进入2号房间，并且准备游戏
05       win2=Toplevel()                          # 添加顶层窗口
06       win2.geometry("200x120")                 # 设置顶层窗口的大小
07       win2.configure(bg="#FFACAB")             # 设置顶层窗口的背景色
08       win2.title("准备游戏")                     # 顶层窗口的标题
09       Label(win2,text="玩家已就位，请准备！",font=14,bg="#FFACAB").pack(pady=50)
10   def change():
11       # 顶层窗口提示玩家准备
12       win2 = Toplevel()
```

```
13    win2.geometry("200x120")
14    win2.configure(bg="#FFACAB")
15    win2.title("2号棋牌室")
16    Label(win2, text="欢迎进入2号棋牌室", bg="#FFACAB", font=14, width=35).
   pack(side="top",fill="x")
17    Label(win2, text="玩家已就位，请准备！",bg="#FFACAB", font=16).
   pack(pady=20,side="top",fill="x")
18 win1=Tk()
19 win1.geometry("270x220")
20 win1.title("1号棋牌室")
21 win1.configure(bg="#FFCD63")
22 # 默认匹配玩家进入1号棋牌室
23 label=Label(win1,text="欢迎进入1号棋牌室",background="#FFFBB5",font=14,width=35).
   grid(row=0,column=0,columnspan=5,ipady=8)
24 btn1=Button(win1,text="开始对局",background="#35A837",command=begin).
   grid(row=2,column=1,pady=10)
25 btn2=Button(win1,text="更换房间",background="#FF4A4F",command=change).
   grid(row=2,column=3,pady=10)
26 win1.mainloop()
```

初始运行效果如图8.11所示。当玩家单击按钮"开始对局"，则弹出"准备游戏"窗口，提醒玩家开始准备，如图8.12所示。如果单击按钮"更换房间"，则弹出"2号棋牌室"窗口，提醒玩家进入2号棋盘室，如图8.13所示。

图8.11　默认窗口

图8.12　顶层窗口提醒玩家准备

图8.13　顶层窗口提醒玩家进入2号棋盘室

8.4　PaneWindow组件

📹 视频讲解：资源包\Video\08\8.4　窗口布局管理组件.mp4

PaneWindow组件也是空间管理组件，它可以将自身划分为多个模块，然后将组件放置在不同的子模块内，用户不仅可以设置子模块的排列方式为水平排列或者垂直排列，还可以手动调整各子模块占据空间的大小。其语法如下：

```
PanedWindow(win)
```

其中，win表示父容器。该容器的常见参数及其含义如表8.1所示。

表8.1 PaneWindow组件的常见参数及其含义

参　数	含　义
bg（background）	设置背景色
borderwidth	边界线宽度
handlepad	设置"手柄"位置
handlesize	设置"手柄"的边长，"手柄"是一个正方形
orient	容器内组件的排列方式，其值有HORIZONTAL（横向分布）和VERTICAL（垂直分布）
sashrelief	面板的分割线边框样式，其值有"relief"（默认值）、"sunken"、"raised"、"groove"、"ridge"
showhandle	是否显示调节面板的"手柄"
width	面板的整体宽度，若忽略该值，则由子组件的尺寸决定

　　创建PaneWindow组件后，还需要使用add()方法将子组件添加到其中。例如，在PaneWindow组件中创建两个按钮，并且用分隔线将其隔开。具体代码如下：

```
01  from tkinter import *
02  panewindow = PanedWindow(sashrelief = SUNKEN,background="#1DF5DF",width=200)
03  panewindow.pack()  # 将子组件添加到panewindow组件中
04  btn1 = Button(panewindow,text = '左侧按钮')
05  panewindow.add(btn1)
06  btn2 = Button(panewindow,text = '右侧按钮')
07  panewindow.add(btn2)
08  mainloop()
```

　　运行效果如图8.14所示。使用鼠标左右拖动分隔线，可以随意调整左右两侧的大小，如图8.15所示。

图8.14 初始窗口效果

图8.15 拖动分隔线后的窗口效果

实例8.6　应用PaneWindow组件调整窗口中各面板的大小　|　实例位置：资源包\Code\08\06

　　在窗口中增加两个Label组件，并且为其添加"手柄"，用户可以通过"手柄"随意设置两个Label组件所占空间的大小。具体代码如下：

```
01  from tkinter import *
02  panewindow = PanedWindow(sashrelief = SUNKEN,background="#1DF5DF",width=200)
03  panewindow.pack()  # 将子组件添加到panewindow中
04  btn1 = Button(panewindow,text = '左侧按钮',state="disabled")
05  panewindow.add(btn1)
06  btn2 = Button(panewindow,text = '右侧按钮',state="disabled")
07  panewindow.add(btn2)
08  mainloop()
```

运行效果如图8.16和图8.17所示。

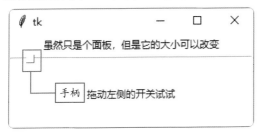
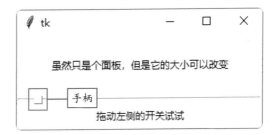

图8.16 初始窗口效果　　　　　　　　　图8.17 通过手柄调整各组件的大小

 说明

PaneWindow 组件中的手柄可用于调节各子模块所占空间的大小，若设置手柄不显示（showhandle=0 或 showhandle=Flase），那么各子模块之间隐藏着一条分割线，当鼠标指针悬停在分隔线上时，鼠标指针形状变为双向箭头，此时拖动分隔线同样可以调节子模块所占据的空间大小。

8.5 Notebook组件

8.5.1 Notebook组件的基本使用

▶ 视频讲解：资源包\Video\08\8.5.1 Notebook选项卡组件的基本使用.mp4

Notebook组件是ttk模块提供的组件，其特点是可以显示多个选项。当用户单击选项时，下方的面板中就会显示对应的内容。其语法如下：

```
note = Notebook(win)
```

上面语法只是创建了Notebook，其中，win指父容器。还需要通过add()方法将子组件添加到Notebook组件中。具体语法如下：

```
note.add(pane, text="title")
```

其中，note表示选项卡组件；pane表示向选项卡容器中添加的子组件；text为该子组件的标题，运行程序时，单击选项卡标题即可显示对应子组件。

实例8.7　仿制Windows7系统中设置日期和时间的选项卡　｜　实例位置：资源包\Code\06\04

众所周知，各操作系统都可以自动更新本地时间，当然用户也可以手动调整时间，接下来通过选项卡实现设置日期和时间的选项卡，具体代码如下：

```
01  from tkinter import *
02  from tkinter.ttk import *
03  win = Tk()
04  win.title("日期和时间")
05  note = Notebook(win, width=250, height=150)    # 添加选项卡容器
06  pane1 = Frame()                                # 子选项卡的容器
```

```
07  Button(pane1,text="更改日期时间").pack(pady=20)          # 第一个选项卡的内容
08  pane2 = LabelFrame()
09  Checkbutton(pane2,text="显示此时钟",variable=StringVar()).pack(pady=20)
10  pane3 = Frame()
11  Button(pane3,text="更改设置").pack(pady=20)
12  note.add(pane1, text="日期和时间")                       # 添加第一个选项卡
13  note.add(pane2, text="附加时钟")                         # 添加第二个选项卡
14  note.add(pane3, text="Internet时间")                    # 添加第三个选项卡
15  note.pack()
16  win.mainloop()
```

初始运行效果如图8.18所示，单击"附加时钟"选项卡效果如图8.19所示。

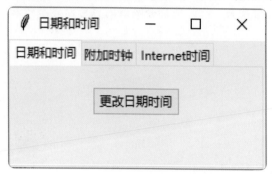

图8.18 初始运行效果

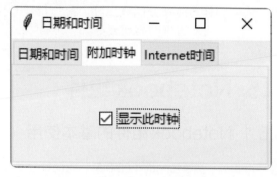

图8.19 单击"附加时钟"选项卡

8.5.2 Notebook组件的应用实例

▶ 视频讲解：资源包\Video\08\8.5.2 Notebook组件显示多个游戏介绍.mp4

实例8.8 实现单击游戏名称时显示游戏介绍的功能　　　实例位置：资源包\Code\08\08

通过使用Notebook组件，实现单击游戏名称显示对应游戏的简介的功能，具体代码如下：

```
01  from tkinter import *
02  from tkinter.ttk import *
03  win = Tk()
04  note = Notebook(win, width=300, height=200)
05  pane1 = Frame()                              # 第一个游戏介绍内容
06  img1 = PhotoImage(file="pane1.png")
07  Label(pane1, image=img1).pack()             # 第一个游戏图片
08  Label(pane1, text="脑洞大不大，一问便知").pack(pady=20)
09  Button(pane1, text="现在就玩", state="DISABLE").pack()
10  pane2 = Frame()                              # 第二个游戏介绍内容
11  img2 = PhotoImage(file="pane2.png")         # 第二个游戏图片
12  Label(pane2, image=img2).pack()
13  Label(pane2, text="抽象派还是形象派，你到底是哪一派").pack(pady=20)
14  Button(pane2, text="现在就玩", state="DISABLE").pack()
```

```
15  note.add(pane1, text="最强的大脑")          # 第一个游戏
16  note.add(pane2, text="水泼墨画")            # 第二个游戏
17  note.pack()
18  win.mainloop()
```

运行效果如图8.20和图8.21所示。

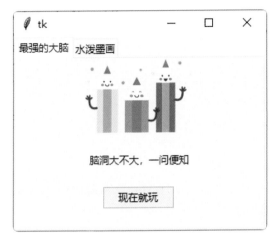

图 8.20 "最强的大脑"游戏简介

图 8.21 "水泼墨画"游戏简介

本章 e 学码：关键知识点拓展阅读

BooleanVar()	反选
orient	手柄
Separator	

第 9 章

消息组件与对话框

（ ▶ 视频讲解：43 分钟）

本章概览

　　消息组件和对话框在软件应用中无处不在，无论是手机应用、电脑软件，又或者调试产品时，都可能见到会话消息和对话框。这些会话消息往往内容简单，但是可以让我们的应用或产品更加友好，例如手机上安装应用完成时的提醒；而对话框可以为用户展示消息并让用户做出选择，例如请求打开权限时的对话框。tkinter模块中也提供了消息组件和对话框。

知识框架

```
15  note.add(pane1, text="最强的大脑")        # 第一个游戏
16  note.add(pane2, text="水泼墨画")          # 第二个游戏
17  note.pack()
18  win.mainloop()
```

运行效果如图8.20和图8.21所示。

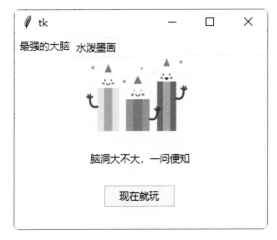

图8.20 "最强的大脑"游戏简介

图8.21 "水泼墨画"游戏简介

本章 e 学码：关键知识点拓展阅读

BooleanVar()　　　　　反选

orient　　　　　　　　手柄

Separator

第 **9** 章

消息组件与对话框

（ ▶ 视频讲解：43 分钟）

　　消息组件和对话框在软件应用中无处不在，无论是手机应用、电脑软件，又或者调试产品时，都可能见到会话消息和对话框。这些会话消息往往内容简单，但是可以让我们的应用或产品更加友好，例如手机上安装应用完成时的提醒；而对话框可以为用户展示消息并让用户做出选择，例如请求打开权限时的对话框。tkinter 模块中也提供了消息组件和对话框。

知识框架

```
                          ┌── Message组件的基本使用
            Message 组件 ──┤
                          └── Message组件的高级使用 ──○── 使用textvariable参数为Message组件绑定变量
                          ┌── askretrycancle(title,message,option)    显示包含"重试"和"取消"按钮的对话框
消息组件与对话框 ──         ├── showinfo(title,message,option)         显示信息提示对话框
                          ├── showwarning(title,message,option)      显示警告对话框
            messagebox模块 ─┤── showerror(title,message,option)        显示错误对话框
                          ├── askquestion(title,message,option)      显示询问对话框
                          ├── askokcancle(title,message,option)      显示包含"确定"和"取消"按钮的对话框
                          ├── askyesno(title,message,option)         显示包含"是"和"否"按钮的对话框
                          └── askyesnocancle(title,message,option)   显示按钮"是""否"和"取消"的对话框
```

9.1　Message 组件

9.1.1　Message 组件的基本使用

视频讲解

▶ 视频讲解：资源包\Video\09\9.1.1　Message组件的基本使用.mp4

　　Message组件主要用来展示一些短消息，它与Label组件类似，不过在文字展示方面，Message组件更灵活，其语法如下：

```
Message(win,text="")
```

其中，win表示Message组件的父容器，text表示Message组件里显示的文字内容。
　　例如，下面代码就可以在窗口中添加一条会话消息：

```
01  from tkinter import *
02  win=Tk()
03  mess=Message(win,text="你好",bg="#CBEDE9").pack(pady=10)  # 添加会话消息
04  win.mainloop()
```

　　运行效果如图9.1所示。

图9.1　Message组件效果

Message组件的常用参数及其含义如表9.1所示。

表9.1　Message组件的常用参数及其含义

参　　数	含　　义
anchor	文本在Message组件中的位置
aspect	以百分比的形式表示组件的宽度/高度的值，默认值为150（表示组件的宽度/高度×100%=150%），如果设置了width，则该属性值无效
cursor	将鼠标指针放置在Message组件上时的样式
font	Message组件里文字的字体
justify	有多行文本时，设置最后一行文本的对齐方式，可选值有LEFT、CENTER和RIGHT
relief	设置组件的边框样式
takefocus	若值为TRUE，则Message接受输入焦点
text	Message组件中的文字，必要时可以插入换行符以获得所需的宽高比
textvariable	将tkinter变量（通常是StringVar）与Message组件相关联，如果更改，则消息文本会更新
width	设置Message组件的宽度，以字符为单位

实例9.1　使用Message组件仿制聊天消息 | 实例位置：资源包\Code\09\01

使用Message组件仿制聊天消息。具体代码如下：

```
01  i=0                                                    # Message组件的行号
02  def mess():
03      textLeft=enc.get()                                 # 获取文本框的内容
04      global i
05      # 接收的消息，获取自文本框的内容
06      Message(box, text=textLeft, bg="#CBEDE9",width=140).grid(row=i,column=0,sticky=W)
07      # 发送的消息
08      Message(box,text="你说："+textLeft, bg="#EFE2B8",width=140).grid(row=(i+1),column=2)
09      i += 2                                             # 设置行号
10  from tkinter import *
11  win=Tk()
12  win.geometry("300x230")                                # 设置窗口大小
13  box=Frame(width=300,height=200)                        # 第一个容器，放置聊天信息
14  box.place(x=0,y=0)
15  info=Frame(width=250,height=20)                        # 第二个容器，放置下方文本框和按钮
16  info.place(x=40,y=200)
17  enc=Entry(info)                                        # 添加文本框
18  enc.pack(side=LEFT,fill=BOTH)
19  btn=Button(info,text="发送" ,command=mess).pack(side=LEFT)   # 发送按钮
20  win.mainloop()
```

运行效果如图9.2所示。

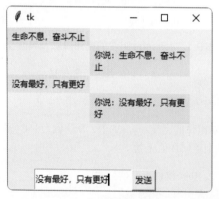

图9.2　仿制聊天消息

9.1.2　Message组件的高级使用

📹 视频讲解：资源包\Video\09\9.1.2 Message组件的高级使用.mp4

前面介绍了通过text参数可以设置Message组件内的文字内容，除此之外，我们还可以通过该组件中的textvariable参数设置其文本内容。具体方法是，为Message组件绑定一个字符串变量（通常是StringVar()），当字符串变量的值发生改变时，Message组件内的文字也会发生改变。下面通过实例讲解。

实例9.2　模拟支付宝集福卡活动过程 | 实例位置：资源包\Code\09\02

每到临近春节时，支付宝就会推出集福卡活动，本实例就来模拟获得福卡的过程，在窗口中单击

9.1 Message组件

9.1.1 Message组件的基本使用

▶ 视频讲解：资源包\Video\09\9.1.1 Message组件的基本使用.mp4

　　Message组件主要用来展示一些短消息，它与Label组件类似，不过在文字展示方面，Message组件更灵活，其语法如下：

```
Message(win,text="")
```

其中，win表示Message组件的父容器，text表示Message组件里显示的文字内容。
　　例如，下面代码就可以在窗口中添加一条会话消息：

```
01    from tkinter import *
02    win=Tk()
03    mess=Message(win,text="你好",bg="#CBEDE9").pack(pady=10)    # 添加会话消息
04    win.mainloop()
```

　　运行效果如图9.1所示。

图9.1　Message组件效果

　　Message组件的常用参数及其含义如表9.1所示。

表9.1　Message组件的常用参数及其含义

参　　数	含　　义
anchor	文本在Message组件中的位置
aspect	以百分比的形式表示组件的宽度/高度的值，默认值为150（表示组件的宽度/高度×100%=150%），如果设置了width，则该属性值无效
cursor	将鼠标指针放置在Message组件上时的样式
font	Message组件里文字的字体
justify	有多行文本时，设置最后一行文本的对齐方式，可选值有LEFT、CENTER和RIGHT
relief	设置组件的边框样式
takefocus	若值为TRUE，则Message接受输入焦点
text	Message组件中的文字，必要时可以插入换行符以获得所需的宽高比
textvariable	将tkinter变量（通常是StringVar）与Message组件相关联，如果更改，则消息文本会更新
width	设置Message组件的宽度，以字符为单位

实例9.1 使用Message组件仿制聊天消息 | 实例位置：资源包\Code\09\01

使用Message组件仿制聊天消息。具体代码如下：

```
01  i=0                                          # Message组件的行号
02  def mess():
03      textLeft=enc.get()                       # 获取文本框的内容
04      global i
05      # 接收的消息，获取自文本框的内容
06      Message(box, text=textLeft, bg="#CBEDE9",width=140).grid(row=i,column=0,sticky=W)
07      # 发送的消息
08      Message(box,text="你说："+textLeft, bg="#EFE2B8",width=140).grid(row=(i+1),column=2)
09      i += 2                                    # 设置行号
10  from tkinter import *
11  win=Tk()
12  win.geometry("300x230")                       # 设置窗口大小
13  box=Frame(width=300,height=200)               # 第一个容器，放置聊天信息
14  box.place(x=0,y=0)
15  info=Frame(width=250,height=20)               # 第二个容器，放置下方文本框和按钮
16  info.place(x=40,y=200)
17  enc=Entry(info)                               # 添加文本框
18  enc.pack(side=LEFT,fill=BOTH)
19  btn=Button(info,text="发送" ,command=mess).pack(side=LEFT)  # 发送按钮
20  win.mainloop()
```

运行效果如图9.2所示。

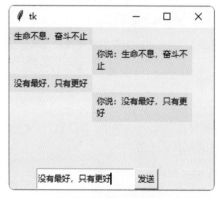

图9.2 仿制聊天消息

9.1.2 Message组件的高级使用

📹 视频讲解：资源包\Video\09\9.1.2 Message组件的高级使用.mp4

前面介绍了通过text参数可以设置Message组件内的文字内容，除此之外，我们还可以通过该组件中的textvariable参数设置其文本内容。具体方法是，为Message组件绑定一个字符串变量（通常是StringVar()），当字符串变量的值发生改变时，Message组件内的文字也会发生改变。下面通过实例讲解。

实例9.2 模拟支付宝集福卡活动过程 | 实例位置：资源包\Code\09\02

每到临近春节时，支付宝就会推出集福卡活动，本实例就来模拟获得福卡的过程，在窗口中单击

按钮"集福卡"，窗口中即可显示获得的福卡，具体代码如下：

```
01  # 0：敬业福，1：友善福，2：爱国福，3：富强福，4：和谐福
02  def coll():
03      a=randint(0,6)                          # 生成随机数
04      mess.config(fg="#f00")                  # 若得到福卡，则文字为红色
05      if a==0:
06          text = "恭喜获得敬业福一张"
07      elif a == 1:
08          text = "恭喜获得友善福一张"
09      elif a == 2:
10          text = "恭喜获得爱国福一张"
11      elif a == 3:
12          text = "恭喜获得富强福一张"
13      elif a==4:
14          text = "恭喜获得和谐福一张"
15      else:
16          text = "很遗憾，什么也没得到"         # 若没得到福卡，则文字为黑色
17          mess.config(fg="#000")
18      val.set("\n"+text+"\n")
19      mess.pack()
20  from tkinter import *
21  from random import *
22  win=Tk()
23  win.geometry("300x230")
24  win.title("集福卡")
25  val=StringVar()                             # 通过改变val的值来改变Message组件的文字内容
26  # 在message组件中显示得到的福卡
27  mess=Message(win,textvariable=val,font=14,aspect=350,fg="red")
28  Button(win,text="集福卡",command=coll).pack(side=TOP)
29  win.mainloop()
```

运行效果如图9.3所示。

图9.3 模拟支付宝集福卡过程

9.2 messagebox模块

9.2.1 对话框的分类

📹 视频讲解：资源包\Video\09\9.2.1 messagebox会话框模块.mp4

messagebox 模块是 tkinter 模块的一个子模块，根据会话窗口的应用场合，该模块提供了 8 种对话框，

具体如表9.2所示。

表9.2 messagebox模块中的对话框及其含义

对 话 框	含 义
showinfo(title,message,option)	显示消息提示
showwarning(title,message,option)	显示警告消息
showerror(title,message,option)	显示错误消息
askquestion(title,message,option)	显示询问消息
askokcancle(title,message,option)	显示"确定"和"取消"按钮。若用户选择"确定"，则返回True；选择"取消"，则返回False
askyesno(title,message,option)	显示"是"和"否"按钮。若用户选择"是"，则返回True；选择"否"，则返回False
askyesnocancle(title,message,option)	显示"是"、"否"和"取消"按钮。若用户选择"是"，则返回True；选择"否"，则返回False；选择"取消"，则返回None
askretrycancle(title,message,option)	显示"重试"和"取消"按钮。若用户选择"重试"，则返回True；选择"取消"，则返回False

上述8种对话框的参数基本相同，title表示对话框的标题；message表示对话框内的文字内容；option表示可选参数，主要有以下3个参数：

☑ default：设置默认的按钮，即按下回车键时响应的按钮，默认值为第一个按钮。
☑ icon：设定显示的图标，可选值有INFO、ERROR、QUESTION及WARNING。
☑ parent：指定当对话框关闭时焦点指向父窗口。

下面通过实例讲解各对话框的使用方法。

说明

messagebox 是 tkinter 中的一个模块，所以需要通过 from…import…导入该模块才能使用各对话框。

9.2.2 各类对话框的使用

视频讲解

▶ 视频讲解：资源包\Video\09\9.2.2 各类会话框的使用.mp4

9.2.2.1 showinfo(title,message,option)

showinfo(title,message,option)方法可以显示提示消息对话框，并且该对话框中含有一个"确定"按钮，单击即可关闭该对话框。

实例9.3 模拟游戏中老玩家回归游戏的欢迎功能 | 实例位置：资源包\Code\09\03

很多游戏都设置有回归礼，即当玩家很长一段时间未进入游戏后，再次进入游戏，游戏中就会显示欢迎回归的信息。本实例将模拟这个功能，单击根窗口中的按钮，显示"好久不见，欢迎回归"对话框。具体代码如下：

```
01  def mess():
02      showinfo("welcome! ","好久不见，欢迎回归")        # 创建showinfo()对话框
03  from tkinter import *
04  from tkinter.messagebox import *                    # 导入messagebox模块
05  win=Tk()
06  win.title("会话框")
07  # 创建一个按钮，单击按钮时，弹出对话框
08  Button(win,text="进入游戏",command=mess).pack(padx=20,pady=20)
09  win.mainloop()
```

窗口初始效果如图9.4所示。单击窗口中的"进入游戏"按钮，即可弹出对话框，效果如图9.5所示。

图9.4 初始窗口   图9.5 对话框

9.2.2.2 showwarning(title,message,option)

showwarning(title,message,option)方法用于显示警告对话框，该对话框中同样含有一个"确定"按钮，单击即可关闭对话框。

实例9.4　模拟退出游戏警告框功能　　　　　　实例位置：资源包\Code\09\04

单击窗口中的"退出游戏"按钮，然后屏幕中弹出警告对话框，提醒玩家退出游戏后将会失去本轮游戏所有得分。具体代码如下：

```
01  def mess():
02      # 创建showwarning()对话框
03      showwarning("警告","您正在退出游戏，退出后，将会失去本轮游戏所有得分")
04  from tkinter import *
05  from tkinter.messagebox import *
06  win=Tk()
07  win.title("警告会话框")
08  # 创建一个按钮，单击按钮时，弹出对话框
09  Button(win,text="退出游戏",command=mess).pack(padx=20,pady=20)
10  win.mainloop()
```

运行程序，窗口中显示"退出游戏"按钮，如图9.6所示。单击该按钮，就会弹出一个警告对话框，如图9.7所示。

图9.6 初始运行效果

图9.7 警告对话框

9.2.2.3 showerror(title,message,option)

showerror(title,message,option)方法可以显示错误对话框，该对话框中同样有一个"确定"按钮，单击即可关闭对话框。

实例9.5 模拟游戏异常时显示的错误提醒对话框功能	实例位置：资源包\Code\09\05

很多手机游戏都需要开启诸多权限，例如存储权限、摄像头权限等。如果玩家拒绝了这些权限请求，就会导致游戏中的某些功能无法正常使用。本实例将实现当游戏无法正常运行时，弹出运行错误原因对话框的功能。具体代码如下：

```
01  def mess():
02      # 创建showerror()对话框
03      showerror("错误提醒","XX游戏请求开启摄像头权限，\n您拒绝了此项请求，导致游戏无法正常进行")
04  from tkinter import *
05  from tkinter.messagebox import *
06  win=Tk()
07  win.title("警告对话框")
08  # 创建一个按钮，单击按钮时，弹出对话框
09  Button(win,text="进入游戏",command=mess).pack(padx=20,pady=20)
10  win.mainloop()
```

运行程序，效果如图9.8所示。单击"进入游戏"按钮，就会弹出一个错误提醒对话框。如图9.9所示。

图9.8 初始运行效果

图9.9 错误提醒对话框

9.2.2.4 askokcancel(title,message,option)

askokcancel(title,message,option)方法可以显示包含"确定"和"取消"按钮的对话框。若用户选择"确定"按钮，则返回值为True；若选择"取消"按钮，则返回值为False。

实例9.6 制作关闭窗口提醒对话框	实例位置：资源包\Code\09\06

在关闭窗口对话框中，当用户单击按钮"关闭窗口"时，弹出询问对话框，用户在该对话框中单击"确定"按钮即可关闭对话框和主窗口，反之，单击"取消"按钮则只关闭对话框。具体代码如下：

```
01  def mess():
02      # 创建askokcancel()对话框
03      boo=askokcancel("关闭提醒","您正在关闭主窗口，点击"确定"即可关闭主窗口")
04      if boo==True:          # 如果单击"确定"按钮
05          win.quit()         # 关闭根窗口
06  from tkinter import *
07  from tkinter.messagebox import *
08  win=Tk()
09  win.title("关闭对话框")
10  # 创建一个按钮，单击按钮时，弹出对话框
11  Button(win,text="关闭窗口",command=mess).pack(padx=20,pady=20)
12  win.mainloop()
```

初始运行效果如图9.10所示。单击窗口中的"关闭窗口"按钮，即可打开"关闭提醒"对话框，如图9.11所示。单击对话框中的"确定"按钮，即可关闭对话框和主窗口；单击"取消"按钮，则仅关闭当前对话框。

图9.10　初始运行效果

图9.11　含"确定"和"取消"按钮的提醒对话框

9.2.2.5 askyesno(title,message,option)

askyesno(title,message,option)方法可以显示含有"是"和"否"两个按钮的对话框。若用户单击按钮"是"，则返回值为True；若用户单击按钮"否"，则返回值为False。

实例9.7　制作关闭窗口对话框　　　　　实例位置：资源包\Code\09\07

使用askyesno对话框将实例9.6"关闭提醒"对话框中的"确定"和"取消"按钮分别修改为"是"和"否"。具体代码如下：

```
01  def mess():
02      # 创建askyesno()对话框
03      boo=askyesno("关闭提醒","您正在关闭主窗口，点击"确定"即可关闭主窗口")
04      if boo==True:
05          win.quit()
06  from tkinter import *
07  from tkinter.messagebox import *
08  win=Tk()
09  win.title("关闭对话框")
10  # 创建一个按钮，单击按钮时，弹出对话框
11  Button(win,text="关闭窗口",command=mess).pack(padx=20,pady=20)
12  win.mainloop()
```

运行程序，其初始效果与实例9.6相同。单击"关闭窗口"按钮，可看到对话框效果如图9.12所示。单击"是"按钮则关闭对话框和主窗口，反之，单击"否"按钮则仅关闭对话框。

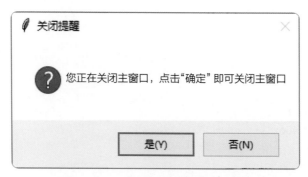

图9.12 含"是"和"否"按钮的对话框

9.2.2.6 askyesnocancel(title,message,option)

askyesnocancel(title,message,option)方法可以显示包含"是"、"否"和"取消"按钮的对话框。若用户选择"是"按钮，则返回值为True；若选择"否"按钮，则返回值为False；若选择"取消"按钮，则返回值为None。

实例9.8　制作退出应用提醒对话框	实例位置：资源包\Code\09\08

关闭电脑管家时，电脑管家就会询问用户是要退出程序还是后台运行。本实例就实现这样一个询问对话框，当用户单击"退出程序"按钮时，屏幕中就会弹出对话框。若用户单击"是"按钮，则关闭主窗口；若用户单击"否"按钮则最小化窗口；若单击"取消"按钮，则仅关闭对话框，而不对主窗口做处理。其代码如下：

```
01  def mess():
02      # 创建askyesnocancel()对话框
03      boo=askyesnocancel("退出提醒","您正在退出程序，点击"是"即可退出程序，点击"否"后台
        运行程序，单击"取消"则关闭该会话框")
04      if boo==True:                    # 用户选择是
05          win.quit()
06      elif boo==False:                 # 用户选择否
07          win.iconify()
08  from tkinter import *
09  from tkinter.messagebox import *
10  win=Tk()
11  win.title("退出对话框")
12  # 创建一个按钮，单击按钮时，弹出会话框
13  Button(win,text="退出程序",command=mess).pack(padx=20,pady=20)
14  win.mainloop()
```

运行效果如图9.13所示。单击"退出程序"按钮，则可以看到一个含有"是"、"否"和"取消"按钮的对话框，如图9.14所示。

图9.13 初始运行效果

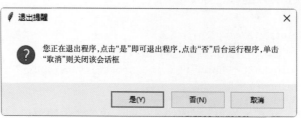

图9.14 含有"是""否"和"取消"按钮的对话框

9.2.2.7 askretrycancel(title,message,option)

askretrycancel(title,message,option)方法可以显示包含"重试"和"取消"按钮的对话框。用户选择"重试",则返回值为True ；若选择"取消",则返回值为False。

| **实例9.9** 模拟打开游戏失败时询问是否重启游戏的对话框 | 实例位置：资源包\Code\09\09 |

很多游戏在运行过程中遇到问题就会询问玩家是否需要重启,本实例将实现这样一个对话框,当用户打开游戏时弹出对话框,提醒用户游戏出现错误,询问是否需要重新启动。若用户选择"重试"按钮,则再次调用该对话框;若用户选择"取消"按钮,则关闭主窗口。其代码如下：

```
01  def mess():
02      # 创建askretrycancel()对话框
03      boo=askretrycancel("重试提醒","打开游戏出现错误,选择"重试"或者"取消")
04      if boo==True:                # 用户选择重试
05          mess()
06      else:                        # 用户选择取消
07          win.quit()
08  from tkinter import *
09  from tkinter.messagebox import *
10  win=Tk()
11  win.title("询问重试或取消的对话框")
12  # 创建一个按钮,单击按钮时,弹出对话框
13  Button(win,text="打开游戏",command=mess).pack(padx=20,pady=20)
14  win.mainloop()
```

运行效果如图9.15所示。单击图中的"打开游戏"按钮,则可以看到一个含有"重试"和"取消"按钮的对话框,如图9.16所示。

图9.15 初始运行效果　　　　图9.16 含有"重试"和"取消"按钮的对话框

说明

除了上述 7 种对话框,还有一种询问对话框,即 askquestion(title,message,option),该对话框和9.2.2.5 小节讲解的对话框相似,都显示"是"和"否"两个按钮,但是 askquestion (title,message,option) 询问对话框中,若用户选择按钮"是",则返回值为 yes ；若用户选择按钮"否",则返回值为 no。

本章 e 学码：关键知识点拓展阅读

askokcancel	askyesnocancel	showwarning
askquestion	showerror	会话消息
askretrycancel	showinfo	输入焦点
askyesno		

第 **10** 章

菜单组件

（ ▶ 视频讲解：1 小时 57 分钟）

　　菜单是窗口应用程序的主要用户界面要素，tkinter 模块中提供了 Menu 组件。通过该组件，可以为窗口设计菜单和工具栏。ttk 模块还提供了 Treeview 组件，可以展示层级目录。

知识框架

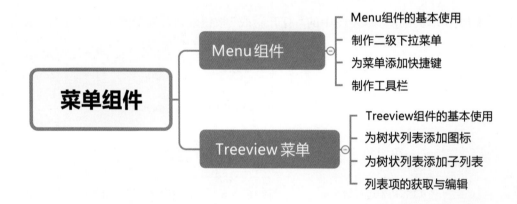

10.1 Menu组件

10.1.1 Menu组件的基本使用

▶ 视频讲解：资源包\Video\10\10.1.1 Menu组件的基本使用.mp4

菜单几乎是所有窗口的必备设计项之一，在tkinter模块中创建菜单通过Menu组件来实现，其语法如下：

```
menu=Menu(win,option)
```

其中，win表示Menu组件的父容器。

实例10.1　为游戏窗口添加菜单项样式 ｜ 实例位置：资源包\Code\10\01

为窗口添加"游戏""帮助""退出"菜单项，具体代码如下：

```
01  from tkinter import *
02  win=Tk()
03  win.title("为游戏窗口添加菜单")
04  menu1=Menu(win)                    # 创建顶级菜单
05  menu1.add_command(label="游戏")     # 添加菜单项
06  menu1.add_command(label="帮助")     # 添加菜单项
07  menu1.add_command(label="退出")     # 添加菜单项
08  win.config(menu=menu1)             # 显示菜单
09  win.mainloop()
```

运行效果如图10.1所示。

图10.1　为游戏窗口添加菜单项

实例10.1仅实现了菜单项的样式，并没有实现实际功能，我们可以通过command参数为各菜单项绑定方法，使其具有实际意义。

实例10.2　为游戏窗口的菜单项添加功能 ｜ 实例位置：资源包\Code\10\02

本实例将实现一个眼力测试小游戏，即在众多的"大"字中找到唯一的"女"字。单击"游戏"、"帮助"和"退出"菜单项分别可以实现重新开始与结束游戏、获得提示及退出游戏的功能。具体步骤如下：

（1）创建窗口，然后在窗口中添加菜单项，并且通过command参数为其绑定方法。具体代码如下：

```
01  from tkinter import *
02  from tkinter.messagebox import *
03  win = Tk()
04  win.title("为游戏窗口添加菜单")
```

```
05   menu1 = Menu(win)                  # 创建顶级菜单
06   # 添加菜单栏
07   menu1.add_command(label="游戏", command=game)
08   menu1.add_command(label="帮助", command=help)
09   menu1.add_command(label="退出", command=win.quit)
10   win.config(menu=menu1)             # 显示菜单
```

（2）通过 for 循环在窗口中添加"大"字，然后添加一个"女"字覆盖其中一个"大"字，接着添加一个 Label 组件，显示当前得分，满分为 84 分，每点错 1 次就扣 1 分。具体代码如下：

```
11   for c in range(6):
12       for j in range(14):
13           Button(win, text="大", width=1,command=wrong).grid(row=c, column=j)
14   Button(win, text="女", width=1, command=suc).grid(row=3, column=3)
15   label = Label(win, font=14, fg="red", text=84)
16   label.grid(row=8, column=0, columnspan=14)
17   win.mainloop()
```

（3）添加 wrong() 与 suc() 两个方法。其中，wrong() 方法实现玩家每误点 1 次"大"字，其得分就减 1 的功能；suc() 方法实现玩家找到正确的"女"字后，显示相关信息及得分的功能。在步骤（1）中代码的前面添加如下代码：

```
01   i = 84
02   # 每点击错误1次，得分就减1
03   def wrong():
04       global i
05       i -= 1
06       label.config(text=i)
07   # 找到与众不同的汉字
08   def suc():
09       top = Toplevel(win)   # 弹出一个顶层窗口
10       Label(top, text="恭喜，找到了\n，得分为"+str(i), fg="red").grid(row=0, column=0,
     padx=10, pady=10)
```

（4）实现"游戏"与"帮助"菜单项的功能，在步骤（3）中代码的上面添加如下代码：

```
01   # 提示
02   def help():
03       showwarning("提醒", "第4行")
04   # 暂停与重新开始游戏
05   def game():
06       boo = askyesnocancel("暂停", "是否停止本游戏，点击是，重新开始游戏，点击否暂停游戏")
07       if boo == True:
08           i = 0
09           label.config(text=i)                # 结束游戏，将得分置为0
10       elif boo==False:
11           i=84                                # 重新开始游戏，得分为满分
12           label.config(text=i)
```

运行程序，效果如图 10.2 所示。玩家单击"帮助"菜单项即可获得提示信息，如图 10.3 所示。当玩家单击"游戏"菜单项时，可以在弹出的"暂停"对话框中选择暂停或者重新开始游戏，如图 10.4 所示。

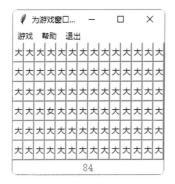

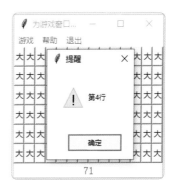

图 10.2　每误点 1 次，得分就减 1　　　　　图 10.3　单击"帮助"菜单项获得提示信息

图 10.4　单击"游戏"菜单项后可选择暂停或重新开始游戏

10.1.2　制作二级下拉菜单

▶ 视频讲解：资源包\Video\10\10.1.2 制作二级下拉菜单.mp4

当窗口中的菜单项比较多时，二级菜单就是比较常见的选择，可以使用 tkinter 模块中的 Menu 组件为窗口创建二级菜单。在介绍制作下拉菜单的方法之前，首先介绍 Menu 组件中常用的一些方法及其含义，如表 10.1 所示。

表 10.1　Menu 组件的常用方法及其含义

方　　法	含　　义
add_command(option)	添加一个命令菜单项，相当于 add("command",option)
add_cascade(option)	添加一个父菜单，相当于 add("cascade",option)
add_checkbutton(option)	添加一个菜单项，该菜单项为复选框，相当于 add("checkbutton",option)
add_radiobutton(option)	添加一个菜单项，该菜单项为单选按钮，相当于 add("radiobutton",option)
add_separator(option)	添加一条分隔线，相当于 add("separator",option)
delete(index1,index2)	删除 index1~index2（含）的所有菜单项
entrycget(index,option)	获得指定菜单项的某选项的值，index 指定菜单项的索引值
entryconfig(index,option)	设置指定菜单项的某选项的值，index 指定菜单项的索引值
index(index)	返回 index 参数对应的选项的序号
insert(index,itemType,option)	插入指定类型的菜单项到 index 参数指定的位置
insert_cascade(index,option)	在 index 参数指定的位置添加一个父菜单

方　　法	含　　义
insert_checkbutton(index,option)	在 index 参数指定的位置添加一个复选框
lnsert_radiobutton(index,option)	在 index 参数指定的位置添加一个单选按钮
insert_command(index,option)	在 index 参数指定的位置添加一个子菜单
insert_separator(index,option)	在 index 参数指定的位置添加一个分隔线
invoke(index)	调用 index 参数指定的菜单项关联的方法
post(x,y)	在指定位置显示弹出菜单
type(index)	获得 index 参数指定的菜单项的类型，返回值为"command""cascade""checkbutton""radiobutton""separator"之一
unpost()	移除弹出菜单
yposition(index)	返回 index 参数指定的菜单项的垂直偏移位置

表 10.1 所示大部分方法中都有 option 参数，其具体参数值及含义如表 10.2 所示。

表10.2 option 参数的参数值及其含义

参　数　值	含　　义
postcommand	其属性值为一个方法，表示当菜单被打开时调用该函数
tearoff	设置菜单能否从窗口中分离（默认值为 True）
tearoffcommand	当菜单被分离时执行的方法
background（bg）	设置背景色
selectcolor	当菜单项为单选按钮或复选框时，选中时的颜色
activebackground	当 Menu 组件处于 active 状态（通过 state 设置）的背景色
activeforeground	当 Menu 组件处于 active 状态（通过 state 设置）的前景色
foreground（fg）	指定 Menu 组件的前景色
title	被分离的菜单的标题，默认标题为父菜单的名字

实例10.3　为城市列表添加弹出式菜单　｜　实例位置：资源包\Code\10\03

通过二级菜单在窗口中展示城市列表，然后单击"修改"菜单项，即可弹出一个包含"添加城市"和"修改城市"的下拉菜单。具体代码如下：

```
01  def pop1():
02      # win.winfo_x()和win.winfo_y()方法为获取的win窗口的位置
03      menu2_2.post(win.winfo_x()+60,win.winfo_y()+120)
04  from tkinter import *
```

```
05  win=Tk()
06  menu1=Menu(win)                                  # 创建顶级菜单
07  menu2_1=Menu(menu1,tearoff=False)                # 创建第二级菜单
08  menu1.add_cascade(label="城市",menu=menu2_1)     # 将第二级菜单添加到顶级菜单并设置显示的内容
09  menu2_1.add_command(label="北京")                # 二级菜单中含有五个菜单项
10  menu2_1.add_command(label="上海")
11  menu2_1.add_command(label="重庆")
12  menu2_1.add_command(label="广州")
13  menu2_1.add_command(label="深圳")
14  menu1.add_command(label="修改",command=pop1)
15  menu2_2=Menu(menu1,tearoff=False)                # 添加弹出菜单
16  menu2_2.add_command(label="添加城市")
17  menu2_2.add_command(label="修改城市")
18  menu1.add_command(label="退出",command=win.quit)
19  win.config(menu=menu1)
20  win.mainloop()
```

　　运行程序，在窗口中可看到菜单栏中仅有三项，分别是"城市"、"修改"和"退出"。单击"城市"菜单项即可展开下拉列表，如图10.5所示。单击"修改"菜单项，即可在窗口中央弹出一个菜单，如图10.6所示。单击"退出"菜单项即可关闭窗口。

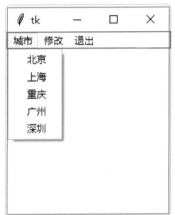

图10.5　展开下拉菜单　　　　　　　　图10.6　弹出菜单

 　　实例10.3实现的弹出菜单，并不具有实际添加城市和修改城市的功能，读者有兴趣可以自行添加实际功能。

10.1.3　为菜单项添加快捷键

　　视频讲解：资源包\Video\10\10.1.3　为菜单添加快捷键.mp4

　　在电脑上可以通过一些快捷键对文件进行操作，tkinter模块同样可以为菜单项添加快捷键，添加快捷键主要通过accelerator实现。

 　　accelerator只能在菜单中显示快捷键提示信息，而不能实现按下快捷键时的菜单项响应。若要实现按下快捷键触发对应的功能，还需要通过bind()方法绑定键盘事件。

实例10.4　设置窗口的文字样式及窗口大小　　　实例位置：资源包\Code\10\04

为窗口添加菜单，并且通过菜单项设置窗口大小和文字样式。具体步骤如下：

（1）导入tkinter模块及ttk模块，然后新建窗口，在窗口中添加工具栏，并且为工具栏中的"最大化"和"中等窗口"添加快捷键。具体代码如下：

```python
01  from tkinter import *
02  from tkinter.ttk import *
03  win = Tk()
04  win.geometry("300x200")
05  menu1 = Menu(win)                          # 创建顶级菜单
06  menu2_1 = Menu(menu1)                      # 创建第二级菜单
07  menu1.add_cascade(label="窗体", menu=menu2_1)   # 将第二级菜单添加到顶级菜单并设置显示的内容
08  menu2_1.add_command(label="最大化", accelerator="Ctrl+Up", command=lambda :max_win(""))
09  menu2_1.add_command(label="中等窗口", accelerator="Ctrl+Down",
      command=lambda :normal_win(""))                  # 二级菜单中含有三个菜单项
10  menu2_1.add_command(label="最小化", command=win.iconify)
11  menu2_1.add_separator()                    # 添加分隔线
12  menu2_1.add_command(label="关闭", command=win.quit)   # 退出游戏，关闭窗口
13  menu2_2 = Menu(menu1, tearoff=0)           # 创建第二个二级菜单
14  menu1.add_cascade(label="自定义", menu=menu2_2)   # 将第二个二级菜单添加到顶级菜单
15  menu2_2.add_command(label="文字设置", command=txt)   # 添加二级菜单的菜单项
16  win.config(menu=menu1)
```

（2）在窗口中添加一行文字，并且为快捷键绑定键盘事件，具体代码如下：

```python
17  label = Label(win, text="这是一个窗口")
18  label.grid(row=0, column=0)
19  win.bind_all("<Control-Up>",max_win)
20  win.bind_all("<Control-Down>",normal_win)
21  win.mainloop()
```

（3）为工具栏中的各菜单项添加方法，使其具有最大化窗口、最小化窗口及设置窗口中文字样式的功能，在步骤（1）中代码的上方，添加如下代码：

```python
01  # 最大窗口尺寸
02  def max_win(event):
03      win.geometry("600x400")
04  # 最小窗口尺寸
05  def normal_win(event):
06      win.geometry("300x200")
07  # 实现设置窗口中的文字样式
08  def txt():
09      global val
10      global font_size
11      global top
12      top = Toplevel(win)              # 新建顶层窗口设置文字样式
13      val = StringVar()
14      val.set("宋体")                   # 初始字体
15      font_family = ("宋体", "黑体", "方正舒体", "楷体", "隶书", "方正姚体")
```

```
16      family = Combobox(top, textvariable=val, values=font_family)
17      family.grid(row=0, column=0)
18      font_size = Spinbox(top, from_=12, to=30, increment=2, width=10)    # 选择字号
19      font_size.grid(row=0, column=1)
20      btn1 = Button(top, text="确定", command=font_set)
21      btn1.grid(row=1, column=1)
22  def font_set():                              # 通过元组存储font的值
23      font1 = (val.get(), font_size.get())
24      label.config(font=font1)
```

运行程序，展开"窗体"菜单，可以看到菜单项"最大化"和"中等窗口"都有快捷键提示，如图10.7所示。按下键盘上对应的组合键，即可实现最大化窗口及恢复中等大小窗口的功能，而单击"自定义"菜单项，即可显示顶层窗口。在顶层窗口中设置字体及字号后，单击"确定"按钮，窗口中的文字样式即可对应改变，如图10.8所示。

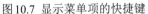

图10.7　显示菜单项的快捷键

图10.8　设置窗口中文字样式

10.1.4　制作工具栏

▶ 视频讲解：资源包\Video\10\10.1.4　制作工具栏.mp4

工具栏是窗口中必不可少的设计之一，它实际上就是由一系列常用的菜单命令组合而成，下面为猜成语小游戏制作工具栏。

实例10.5　实现根据含义猜成语游戏　　　　　　实例位置：资源包\Code\10\05

在根据含义猜成语游戏中，可以通过按快捷键或者单击工具栏中的菜单项实现进入下一关、重新游戏及退出游戏等功能，还可以设置窗口的文字样式及窗口大小。具体步骤如下：

（1）首先导入tkinter模块和messagebox模块，然后设置窗口样式及添加工具栏。具体代码如下：

```
01  from tkinter import *
02  from tkinter.messagebox import *
03  win = Tk()
04  win.geometry("250x200")
05  win.title("成语猜猜猜")
06  # 工具栏部分
07  menu1 = Menu(win)                                    # 创建顶级菜单
08  menu2_1 = Menu(menu1)                                # 创建第二级菜单
09  menu1.add_cascade(label="游戏", menu=menu2_1)        # 将第二级菜单添加到顶级菜单并设置显示的内容
10  menu2_1.add_command(label="下一关", command=lambda:next1(""), accelerator="Ctrl+N")
11  menu2_1.add_command(label="重新开始", command=lambda :restart(""), accelerator="Ctrl+R")
```

```
12  menu2_1.add_separator()                                        # 添加分隔线
13  menu2_1.add_command(label="退出", command=win.quit)            # 退出游戏，关闭窗口
14  menu2_2 = Menu(menu1)                                          # 创建第二个二级菜单
15  # 将第二个二级菜单添加到顶级菜单并设置显示的内容
16  menu1.add_cascade(label="帮助", menu=menu2_2)
17  menu2_2.add_command(label="游戏规则",command=show1)            # 添加二级菜单的菜单项
18  menu2_2.add_command(label="提示",command=tip)                  # 添加二级菜单的菜单项
19  win.config(menu=menu1)
```

（2）实现在窗口中显示成语的含义，以及输入成语的文本框和提交按钮，并且为窗口绑定键盘事件，实现按组合键即可进入下一关或者重新游戏的功能。具体代码如下：

```
20  # 窗口内容
21  level = Label(win, font=14, text="第 1 关")                    # 当前第几关
22  level.grid(row=0, column=0, columnspan=4, sticky=E)           # 显示成语的含义
23  means = Label(win, text=idiom_means[0], font=14, width=30, bg="#D8F3F0",
       height=3, wraplength="200")
24  means.grid(row=1, column=0, pady=10, columnspan=4)
25  entry = Entry(win, font=14)                                   # 输入成语
26  entry.grid(row=2, column=1, sticky=E)
27  btn = Button(win, text="确定", command=panduan).grid(row=2, column=2)
28  win.bind_all("<Control-n>", next1)                           # 绑定键盘事件
29  win.bind_all("<Control-r>", restart)                         # 绑定键盘事件
30  win.mainloop()
```

（3）实现判断输入成语是否正确、切换游戏关卡、获取帮助等功能，在步骤（1）中代码的上方添加如下代码：

```
01  num = 0                                                        # 当前游戏多少关
02  # 通过数组存储成语和成语的含义
03  idiom = ["别出心裁", "白云苍狗", "暴虎冯河", "鞭长莫及", "并行不悖", "安土重迁", "不耻下问",
       "不胫而走", "安步当车", "爱莫能助", "白驹过隙"]
04  idiom_means = ["独出巧思，不同流俗", "比喻世事变幻无常", "比喻有勇无谋，鲁莽冒险", "本意为马鞭
       虽长，但打不到马肚子上，比喻虽有力，力量也达不到","彼此同时进行，不相妨碍", "留恋故土，不肯轻易
       迁移", "比喻谦虚好学，不介意向学识或地位不及自己的人请教", "消息传得很快", "从容地步行，就当乘车
       一般", "心里愿意帮助，但是力量不够而做不到", "形容时间过得很快，像白马在细小的缝隙前一闪而过"]
05  # 判断输入成语是否正确
06  def panduan():
07      global num
08      a = entry.get()
09      if a == idiom[num]:
10          num += 1
11      if (num >= len(idiom)):
12          boo = askyesno("成功过关", "恭喜！已过完所有关卡，是否重新过关？")
13          if boo == True:
14              num = 0
15              panduan()
16          else:
17              win.quit()
18      entry.delete(0, END)
19      means.config(text=idiom_means[num])
20      level.config(text="第 " + str(num + 1) + " 关")
```

```
21    # 切换至下一关
22    def next1(event):
23        global num
24        num += 1
25        panduan()
26    # 重新开始，关卡重置为0
27    def restart(event):
28        global num
29        num = 0
30        panduan()
31    # 显示游戏规则
32    def show1():
33        showinfo("游戏规则","根据成语的含义猜成语，正确则自动跳转至下一关")
34    # 提示当前成语的第一个字
35    def tip():
36        str=idiom[num][0]
37        entry.delete(0,END)
38        entry.insert(0,str)
```

初始运行效果如图10.9所示。选择"游戏"菜单可以展开其菜单项列表，如图10.10所示。然后单击其中的"下一关"菜单项，或者直接按<Ctrl+N>组合键可以切换至下一关，如图10.11所示。

图10.9 游戏初始运行效果

图10.10 选择"下一关"菜单项

图10.11 切换至下一关

10.2 Treeview组件

10.2.1 Treeview组件的基本使用

▶ 视频讲解：资源包\Video\10\10.2.1 Treeview组件的基本使用.mp4

　　Treeview组件是ttk模块中的组件，它集树状结构和表格于一体。用户可以使用该组件设计表格或者树状列表，并且在设置树状列表时，可以折叠或展开子列表。其语法如下：

```
tree = Treeview(win,option)
```

其中，win为Treeview组件的父容器，option为相关参数。Treeview组件的具体参数及其含义如表10.3所示。

表 10.3 Treeview 组件的参数及其含义

参　数	含　义
columns	其值为列表，列表的每一个元素代表一个列表标识符的名称
displaycolumns	设置列表是否显示及显示顺序，也可以使用"#all"表示全部显示
height	表格的高度（表格中可以显示几行数据）
padding	标题栏内容与组件边缘的间距
selectmode	定义选择行的方式，"extended"可以通过<Ctrl>＋鼠标单击选择多行（默认值），"browse"表示只能选择一行，"none"表示不能改变选择
show	表示显示哪些列，其值有"tree headings"（显示所有列）、"tree"（显示第一列——图标栏）、"headings"（显示除第一列外的其他列）

说明 Treeview 组件中，第一列（"#0"）表示图标栏，是永远存在的。设置 displaycolumns 参数时，第一列不在索引范围内，这一点在实例 10.5 中有所体现。

实例10.6　统计王者荣耀各英雄的类型及操作难易程度　　　实例位置：资源包\Code\10\06

在表格中统计王者荣耀各英雄的类型及操作难易程度。具体代码如下：

```python
01   from tkinter import *
02   from tkinter.ttk import *  # 导入内部包
03   win = Tk()
04   # 创建树状列表及每一列的名称
05   tree = Treeview(win,columns=("hero","type","operate"),show="headings",
      displaycolumns=(0,1,2))
06   # 定义每一列的标题并居中显示
07   tree.heading("hero",text="英雄",anchor="center")
08   tree.heading("type",text="类型",anchor="center")
09   tree.heading("operate",text="操作难易程度",anchor="center")
10   # 插入四行数据
11   tree.insert("",END,values=("孙尚香","射手","5"))
12   tree.insert("",END,values=("孙策","战士","3"))
13   tree.insert("",END,values=("大乔","辅助","3"))
14   tree.insert("",END,values=("小乔","法师","3"))
15   tree.pack()
16   win.mainloop()
```

运行效果如图 10.12 所示。

图 10.12　在窗口中显示王者荣耀各英雄的类型及操作难易程度

实例10.6隐藏了图标栏，并且依次显示了英雄的名称、类型和操作难易程度。我们也可以修改 show 和 displaycolumns 参数，使其显示图标栏，并使各列显示内容依次为"操作难易程度"、"类型"和"英雄"，仅需要将第5行代码修改为下列代码即可。

```
tree=Treeview(win,columns=("hero","type","operate"),show="tree headings",displaycolumns=(2,1,0))
```

运行效果如图10.13所示。

图 10.13　显示图标栏及改变各列的显示顺序

10.2.2　为树状列表添加图标

📹 视频讲解：资源包\Video\10\10.2.2　为树形菜单添加图标.mp4

添加树状列表后，需要通过insert()方法添加列表项目。其语法如下：

```
tree.insert(父对象,插入位置,ID,option)
```

其中，第一项指定该菜单项的父列表的ID；第二项为插入位置，可以是索引或者END等；ID是程序员为该菜单项设置的ID，若省略，则由Treeview自动分配；option则是可选参数，一共有5个，分别是 text、image、values、open 和 tags，其含义如表10.4所示。

表 10.4　insert()方法中option参数值及其含义

参 数 值	含 义
text	图标列显示的文字
image	列表项目前面的图标
values	列表项目一行的值，未赋值的列是空列，超过列的长度会被截断
open	子列表展开或关闭
tags	与列表项目关联的标记

实例10.7　表格显示近一周的天气状况　　　　实例位置：资源包\Code\10\07

在窗口中添加树状列表，显示近一周的天气状况，并且在图标栏中显示天气图标。具体代码如下：

```
01  from tkinter import *
02  from tkinter.ttk import *
03  win = Tk()
04  tree = Treeview(win, columns=("date", "temperature"))
05  tree.heading("#0", text="天气")                    # 设置图标栏的标题
06  tree.heading("date", text="日期")
07  tree.heading("temperature", text="气温")
08  rain = PhotoImage(file="rainheardly.png")          # 定义图标
09  storm = PhotoImage(file="storm.png")
```

```
10    sunny = PhotoImage(file="sunny.png")
11    tree.insert("", END, values=("4月1日", "-3~5"), image=rain,text=" 中到暴雨")   # 添加子项目
12    tree.insert("", END, values=("4月2日", "-3~7"), image=sunny,text=" 晴")
13    tree.insert("", END, values=("4月3日", "0~8"), image=storm,text=" 雷阵雨")
14    tree.insert("", END, values=("4月4日", "1~10"), image=sunny,text=" 晴")
15    tree.insert("", END, values=("4月5日", "2~10"), image=sunny,text=" 晴")
16    tree.insert("", END, values=("4月6日", "2~12"), image=sunny,text=" 晴")
17    tree.insert("", END, values=("4月7日", "2~10"), image=rain,text=" 晴")
18    tree.pack()
19    win.mainloop()
```

运行效果如图 10.14 所示。

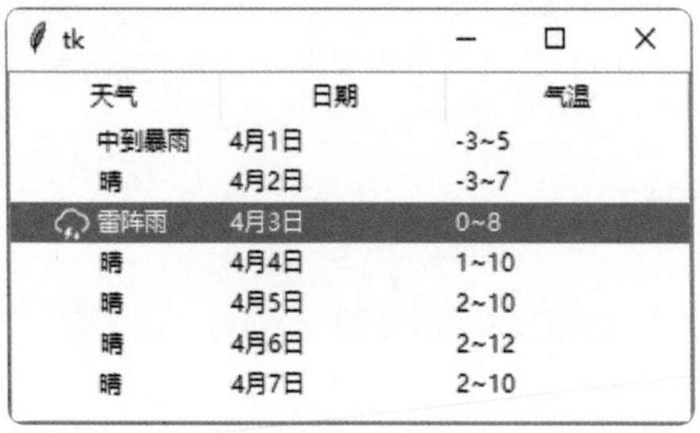

图 10.14 显示近一周的天气状况

10.2.3 为树状列表添加子列表

视频讲解：资源包\Video\10\10.2.3 为树形菜单添加子菜单.mp4

使用 Treeview 组件添加子列表时，需要通过 ID 绑定父元素，这个 ID 可以由程序员手动分配，如果程序员省略了子列表的 ID，则由 Treeview 组件自动分配。首先通过一段代码来看如何设置和分配 ID：

```
01    tree.insert("",0,"wei",text="魏")
02    shu=tree.insert("",1,text="蜀")
03    wu=tree.insert("",2,text="吴")
```

上面三行代码为树状列表"tree"添加了三个子列表，分别是"魏"、"蜀"和"吴"。其中，第一行代码中的"wei"就是手动设置的 ID；第二行和第三行由于省略了 ID，所以由 Treeview 组件自动分配 ID 为 shu 和 wu。

理解了列表的 ID 以后，就可以精确定义每个子列表应属于哪个父列表。例如，树状列表中显示历史上的三国的开国皇帝。具体代码如下：

```
01    from tkinter import *
02    from tkinter.ttk import *              # 导入ttk模块
03    win = Tk()
04    # 创建树状列表及每一列的名称
05    tree=Treeview(win)
06    tree.heading("#0",text="皇帝")
07    tree.insert("",0,"wei",text="魏")
08    shu=tree.insert("",1,text="蜀")
09    wu=tree.insert("",2,text="吴")
10    tree.insert("wei",0,text="曹丕")          # 设置父元素为wei
11    tree.insert(shu,0,text="刘备")            # 设置父元素为shu
```

```
12  tree.insert(wu,0,text="孙权")              # 设置父元素为wu
13  tree.pack()
14  win.mainloop()
```

运行效果如图10.15所示。

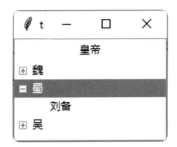

图10.15 利用树状列表显示三国的开国皇帝

实例10.8　统计运动竞赛各组成员的得分情况　　**实例位置：资源包\Code\10\08**

通过树状列表统计竞赛时各组成员的得分情况。具体代码如下：

```
01  from tkinter import *
02  from tkinter.ttk import *              # 导入ttk模块
03  win = Tk()
04  # 创建树状列表及每一列的名称
05  tree = Treeview(win,columns=("score"))
06  # 定义每一列的标题
07  tree.heading("#0",text="小组",anchor=W)
08  tree.heading("score",text="得分",anchor=W)
09  # 用字典存储各组成员的工号及得分
10  score1={"R001":"20","R002":"19","R003":"19","R004":"16"}
11  score2={"B001":"17","B002":"19","B003":"18","B004":"14"}
12  score3={"G001":"17","G002":"15","G003":"16","G004":"16"}
13  # 添加红队、蓝队与绿队，设置默认展开红队成员的得分
14  red=tree.insert("",END,text="红队",open=True)
15  blue=tree.insert("",END,text="蓝队")
16  green=tree.insert("",END,text="绿队")
17  # 通过遍历添加子列表
18  for index,item in score1.items():
19      tree.insert(red,END,text=index,values=(item))
20  for index,item in score2.items():
21      tree.insert(blue,END,text=index,values=(item))
22  for index,item in score3.items():
23      tree.insert(green,END,text=index,values=(item))
24  tree.pack()
25  win.mainloop()
```

运行效果如图10.16所示。

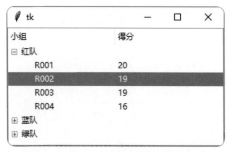

图10.16 显示各小组活动竞赛成绩

10.2.4 列表项的获取与编辑

▶ 视频讲解：资源包\Video\10\10.2.4 菜单项的获取与编辑.mp4

Treeview组件提供了一些虚拟事件和方法，首先介绍虚拟事件。

Treeview组件提供了三个虚拟事件，分别是<<TreeviewSelect>>、<<TreeviewOpen>>和<<TreeviewClose>>，具体说明如下：

- ☑ <<TreeviewSelect>>：当选项发生变化时触发某事件。
- ☑ <<TreeviewOpen>>：当列表项的open=True时触发某事件。
- ☑ <<TreeviewClose>>：当列表项的open=False时触发某事件。

Treeview组件的常用方法及其含义如表10.5所示。

表10.5 Treeview组件的常用方法及其含义

方 法	含 义
bbox(item,column=None)	返回一个item的范围，如果column指定了列，则返回元素的范围，如果item不可用，则返回空值
get_children(item=None)	返回item的所有子item的列表，如果item没有指定，则返回根目录的item
set_children(item,*newchildren)	设置item的新的子item，这里的设置指的是全部替换
column(column,option=none,**kw)	设置或返回各列的属性。column是列标识符，option若不设置，则返回所有属性的字典
delete(*item)	删除item及其子item
detach(*item)	取消item和子item的链接，可以在另一个点重新输入，但不会显示。根item的链接无法取消
exists(item)	判断item是否在Treeview组件中，若返回True，则在Treeview中
focus(item=None)	设置或返回获得焦点的item，若不指定item且无item获得焦点，则返回空值
heading(column,option=None,**kw)	查询或修改指定列的标题选项，column为列标识符，option若不设置则返回所有属性的字典，若设置则返回该属性的属性值
insert(parent,index,iid=none,**kw)	创建新的item并返回新创建item的标识符
item(item,option=None,**kw)	查询或修改指定item的选项
selection()	返回所有选中的item的列表

方　　法	含　　义
selection_set(*item)	设置指定项为新的选择项
selection_add(*item)	向选择项中添加项
selection_remove(*item)	从选择项中删除项
selection_toggle(*item)	切换指定项的选择状态
set(item,column=None,value=None)	指定item，如果不设定column和value，则返回它们的字典；若设置了column，则返回对应的value；若value也设定了，则做相应的修改

实例10.9　统计个人出行记录

实例位置：资源包\Code\10\09

在树状列表中统计并修改个人出行记录。具体步骤如下：

（1）首先创建窗口，在窗口中添加输入时间、日期的选择框和输入出发地的文本类组件，具体代码如下：

```python
01  from tkinter import *
02  from tkinter.ttk import *          # 导入ttk模块
03  win = Tk()
04  # 输入内容
05  frame = Frame()
06  frame.grid()
07  Label(frame, text="日期: ").grid(row=0, column=0)
08  monsel = IntVar()                   # 绑定月份选项
09  monsel.set(1)
10  mon = Combobox(frame, value=tuple(range(1, 13)), textvariable=monsel, width=5)    # 月
11  mon.grid(row=0, column=1)
12  mon.bind("<<ComboboxSelected>>", setdat)        # 月份选项发生变化时，对应日期也变化
13  Label(frame, text="-").grid(row=0, column=2)
14  datsel = IntVar()                   # 绑定日期选项
15  datsel.set(1)
16  dat = Combobox(frame, value=tuple(range(1, 32)), textvariable=datsel, width=5)    # 日
17  dat.grid(row=0, column=3)
18  Label(frame, text="时间: ").grid(row=0, column=4, columnspan=2, sticky=S + E)
19  horsel = IntVar()                   # 绑定时间选项
20  horsel.set(0)
21  hor = Spinbox(frame, from_=0, to=24, width=5, textvariable=horsel)   # 时
22  hor.grid(row=0, column=6)
23  Label(frame, text=":").grid(row=0, column=7)
24  minsel = IntVar()
25  minsel.set(0)                       # 绑定分钟选项
26  min = Spinbox(frame, from_=0, to=59, width=5, textvariable=minsel)   # 分
27  min.grid(row=0, column=8)
28  Label(frame, text="出发地: ").grid(row=0, column=9)       # 出发地
29  entry = Entry(frame)
30  entry.grid(row=0, column=10)
31  Button(frame, text="确定", command=get1).grid(row=0, column=11)
32  Button(frame, text="删除", command=del1).grid(row=0, column=12)
```

（2）在下方添加树状列表并为其绑定虚拟事件<<TreeviewSelect>>，作用是当选中某列表项时，立即获取该列表项的内容，便于修改或删除等。具体代码如下：

```
33  # 创建Treeview组件
34  tree = Treeview(win, column=("date", "time", "depart"), show="headings")
35  tree.heading("date", text="日期")                      # 设置每列的标题
36  tree.heading("time", text="时间")
37  tree.heading("depart", text="出发地")
38  tree.grid(row=1, column=0)
39  tree.bind("<<TreeviewSelect>>", edt)                   # 当选项发生变化时，调用edt()函数
40  win.mainloop()
```

（3）编写setdat()方法，该方法实现选择月份后日期选择列表中显示对应的天数的功能。例如当前选中月份为1月，则日期列表中最后一天为31日；如果当前选中月份为4月，则日期选择列表中最后一天为30日。在步骤（1）的第2行代码下方添加如下代码：

```
01  # 选择月份后，对应的日期选择列表发生变化，防止出现类似2月30号这样的错误
02  def setdat(a):
03      temp = monsel.get()
04      if temp == 2:
05          dat["value"] = tuple(range(1, 29))
06      elif temp == 4 or temp == 6 or temp == 9 or temp == 11:
07          dat["value"] = tuple(range(1, 31))
08      else:
09          dat["value"] = tuple(range(1, 32))
```

（4）编写get1()方法，实现向树状列表中添加内容的功能，当单击"确定"按钮时，首先判断目的地是否为空，若不为空，则将时间、日期及目的地存储为元组，以便于向树状列表中添加新的列表项。然后判断当前树状列表中是否有列表项被选中，若有，则在该列表项位置处添加新的列表项（即修改当前选中的列表内容），并删除原列表项，否则，在列表的末尾添加新的列表项。在步骤（3）中代码后面添加如下代码：

```
10  # 添加及修改列表
11  def get1():
12      if len(entry.get()) == 0:                          # 判断文本框的内容是否为空
13          return False
14      else:
15          # 将时间格式化为两位数
16          h = str(horsel.get()) if horsel.get() > 10 else "0" + str(horsel.get())
17          m = str(minsel.get()) if minsel.get() > 10 else "0" + str(minsel.get())
18          item1 = (str(mon.get()) + "月" + str(datsel.get()) + "日", h + ":" + m, entry.get())
19          if not tree.focus() == "":                     # 判断是否有列表项被选中
20              # 在获得焦点的列表项的位置添加新的列表，并且删除原来的列表项
21              tree.insert("", tree.index(tree.focus()), values=item1)
22              del1()
23          else:
24              tree.insert("", END, values=item1)
25          reset1()
```

（5）编写del1()方法，实现单击"删除"按钮时删除当前被选中的列表项的功能。在步骤（4）中代码后面添加如下代码：

```
26  def del1():
27      # 单击删除按钮时，删除获得焦点的列表
28      if tree.focus() == "":
29          return False
30      else:
31          tree.delete(tree.focus())
```

（6）编写edt()方法，实现双击列表中某行时修改该行中内容的功能，在步骤（5）中代码后面添加如下代码：

```
32  # 获取列表项中的内容并赋值到列表中对应的文本组件中
33  def edt(a):
34      temp = tree.set(tree.focus())
35      d = temp["date"].split("月")             # 日期以 "月" 分割
36      t = temp["time"].split(":")              # 时间以 ":" 分割
37      monsel.set(int(d[0]))                    # 获取的月份赋值到月份选择列表中
38      datsel.set(int(d[1].split("日")[0]))      # 获取的日期赋值到日期选择列表中
39      horsel.set(int(t[0]))                    # 获取的小时赋值到时间的第一个选择列表中
40      minsel.set(int(t[1]))                    # 获取的分钟赋值到时间的第二个选择列表中
41      entry.delete(0, END)
42      entry.insert(INSERT,temp["depart"])
```

（7）由于修改和删除列表项后，都需要重置文本组件里的值，为避免代码重复，编写reset1()方法，该方法中依次重置各列表框和文本框的值。在步骤（6）中代码后面添加如下代码：

```
01  # 初始化树状列表
02  def reset1():
03      monsel.set(1)
04      datsel.set(1)
05      horsel.set(0)
06      minsel.set(0)
07      entry.delete(0, END)
```

初始运行效果如图10.17所示。在选择列表中依次添加出行的日期、时间和出发地，单击"确定"按钮，即可将出行记录添加到下方树状列表中，如图10.18所示。单击其中的某一项时，即可将该项内容填充到上面的框中，然后就可进行修改，如图10.19和图10.20所示。

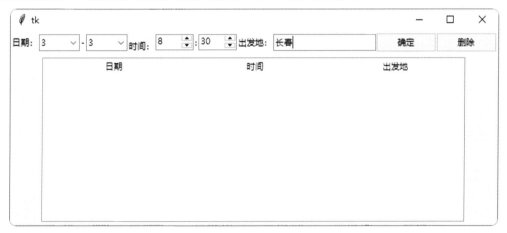

图10.17　添加出行记录

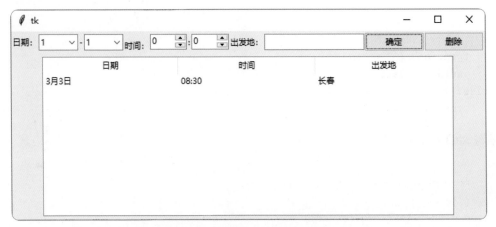

图10.18 将出行记录添加到树状列表中

图10.19 修改出行记录

图10.20 修改后的记录

本章 e 学码：关键知识点拓展阅读

item	父菜单	树状结构
菜单	父元素	子菜单
菜单项		

e 学码

第 11 章

进度条组件

（ ▶ 视频讲解：17 分钟）

本章概览

进度条可用于显示当前任务的执行进度，例如进入游戏或者下载游戏时，会通过进度条显示游戏加载或下载进度，使用ttk模块中的Progressbar组件即可实现进度条。

知识框架

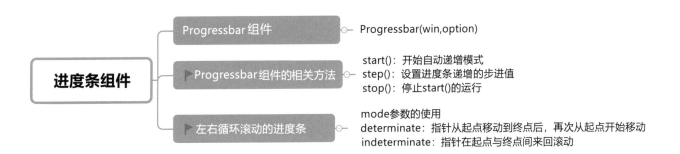

11.1 Progressbar组件

视频讲解：资源包\Video\11\11.1 Progressbar进度的基本使用.mp4

Progressbar组件是ttk模块中的组件，用于显示当前任务的执行进度，其语法如下：

```
Progressbar(win,option)
```

其中，win为Progressbar组件的父容器，option为进度条组件的相关参数。具体参数及其含义如表11.1所示。

表11.1 Progressbar组件的相关参数及其含义

参　数	含　义
orient	设置进度条水平显示或垂直显示，可选的值有horizontal（垂直）、vertical（水平）
length	指定进度条的长度（若进度条垂直显示，则指定进度条的高度）
mode	进度条加载动画的模式，可选的值有"determinate"（指针从起点移动到终点后，再次从起点开始移动，默认值）和"indeterminate"（指针在起点与终点间来回滚动）
maximum	指定进度条的最大值，默认值为100
value	进度条的当前值。当mode="determinate"时，value表示已完成的工作量； 若mode="indeterminate"，当value="maximum"时，指针在进度条最右侧
variable	为进度条的值绑定一个变量，当变量的值发生变化时，进度条的值也会发生改变

例如，在窗口中添加进度条，具体代码如下：

```
01  from tkinter import *
02  from tkinter.ttk import *
03  win = Tk()
04  Progressbar(win,value=50).pack(pady=10)        # 添加进度条
05  win.mainloop()
```

运行效果如图11.1所示。

图11.1 进度条的基本使用

实例11.1 模拟小猫进食游戏 | 实例位置：资源包\Code\11\01

在小猫进食游戏中，每单击一次大鱼或小鱼，则为小猫投食一次。单击大鱼时，为小猫增加2点饱腹感；单击小鱼时，则增加1点饱腹感。当小猫的饱腹感增加到最大（50）时，小猫就吃饱了。此时为小猫投食，将不再增加饱腹感。具体代码如下：

```
01  from tkinter import *
02  from tkinter.ttk import *
03  val = 0
04  def add1(c):
05      global val
```

```
06        val += c
07        # 判断进度条的当前值是否到达最大值
08        if val > pro["max"]:
09            label.config(text="我吃饱了")
10        else:
11            vari.set(val)
12  win = Tk()
13  win.geometry("220x190")
14  Label(win, text="投食：").grid(row=0, column=0, columnspan=1)
15  # 选择投食大鱼或者小鱼，大鱼增加2点，小鱼增加1点
16  Button(win, text="大鱼", command=lambda: add1(1)).grid(row=0, column=1,  pady=10)
17  Button(win, text="小鱼", command=lambda: add1(2)).grid(row=0, column=2, pady=10)
18  img=PhotoImage(file="cat.png")    # 小猫
19  label=Label(win,image=img,compound=TOP,foreground="red")
20  label.grid(row=1, column=0, columnspan=4)
21  vari=IntVar()                         # 绑定到进度条的当前值
22  vari.set(0)
23  # 进度条显示小猫饱腹程度
24  pro = Progressbar(win, mode="determinate", variable=vari, max=50, length=200)
25  pro.grid(row=2, column=0, columnspan=4, pady=5)
26  win.mainloop()
```

　　运行程序，可看到窗口中的进度条的当前进度为0，每单击一次"大鱼"按钮，进度条增加4%，每单击一次"小鱼"按钮，进度条增加2%，如图11.2所示。当进度条进度为100%时，表示小猫已经吃饱，下方显示文字提示，如图11.3所示。

图11.2　单击按钮为小猫投食

图11.3　进度条到达最大值时，显示提示

11.2　Progressbar 组件的相关方法

视 频 讲 解

▶ 视频讲解：资源包\Video\11\11.2 Progressbar组件的相关方法.mp4

　　Progressbar组件主要提供了三种方法，用来控制进度条加载动画的开始、停止，以及设置进度条的步进值。具体方法如下：

　　☑ start(interval=None)：开始自动递增模式，每隔制定的时间，就调用一次 step(amount=None) 方

法。interval 的默认值为 50ms。

☑ step(amount=None)：设置进度条递增的步进值，默认值为 1.0。

☑ stop()：停止 start(interval) 的运行。

实例11.2　制作显示游戏加载进度的进度条　　实例位置：资源包\Code\11\02

模拟加载游戏的进度条，当单击"进入游戏"或者"游戏加速"按钮时，进度条显示加载动画，单击"停止加载"按钮时，动画停止。具体代码如下：

```
01  def rego():
02      pro.stop()      # 停止原进度条动画
03      pro.step(5)     # 设置步进值
04      pro.start()     # 开始加载动画
05  from tkinter import *
06  from tkinter.ttk import *
07  win = Tk()
08  win.title("灵魂画师")
09  # 游戏图标与名称
10  img = PhotoImage(file="game.png")
11  label=Label(win, image=img,text="灵魂画师", foreground="red",
        font=("华文新魏", 18),compound=BOTTOM)
12  label.grid(row=1, column=0, columnspan=3)
13  pro = Progressbar(win, mode="determinate", value=0, max=100, length=100)
14  pro.grid(row=2, column=0, columnspan=3,pady=10)
15  # 单击时，开始进度条动画
16  Button(win, text="进入游戏", command=pro.start, width=7).grid(row=4, column=0, padx=5)
17  # 设置进度条每次递增的值，并加载动画
18  Button(win, text="游戏加速", command=rego, width=7).grid(row=4, column=1, padx=5)
19  # 停止进度条动画
20  Button(win, text="停止加载", command=pro.stop, width=7).grid(row=4, column=2, padx=5)
21  win.mainloop()
```

运行程序，单击"进入游戏"按钮，可看到进度条开始加载的动画，如图 11.4 所示。单击"游戏加速"按钮，则进度条的步进值由原来的 1 增加至 5。单击"停止加载"按钮，进度条动画立即停止。

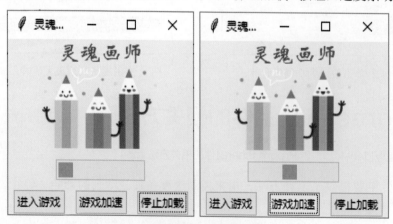

图 11.4　进度条动画

11.3 左右循环滚动的进度条

▶ 视频讲解：资源包\Video\11\11.3 左右循环滚动的进度条.mp4

除了上面介绍的进度条动画，还有一种进度条动画，该动画中指针并不显示当前进度，而是在进度条中左右循环滚动。这种进度条动画适用于不知道整个进程需要花费多长时间的状况。

添加此类进度条动画只需将Progressbar组件中的mode参数值修改为"indeterminate"即可。

实例11.3　通过循环滚动的进度条模拟进入游戏时的加载动画	实例位置：资源包\Code\11\03

为游戏添加进度条，并且为进度条添加左右循环滚动的进度条动画。具体代码如下：

```
01  from tkinter import *
02  from tkinter.ttk import *
03  win = Tk()
04  win.title("灵魂画师")
05  win.geometry("250x230")
06  # 添加游戏名称并应用样式
07  img = PhotoImage(file="game.png")
08  Label(win,image=img,text="灵魂画师",foreground="red",
        font=("华文新魏", 18),compound=BOTTOM).pack(pady=5)
09  pro = Progressbar(win, mode="indeterminate", value=0, max=100, length=200)
10  pro.pack(pady=10)
11  Button(win, text="进入游戏", command=pro.start(40), width=7).pack()
12  win.mainloop()
```

运行效果如图11.5所示。

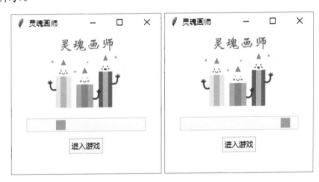

图11.5 左右循环滚动的进度条

本章 e 学码：关键知识点拓展阅读

（进度条）加载动画　　　　　进度条
（进度条的）指针　　　　　　进度条的步进值
（进度条的）自动递增模式

第12章

绘图组件

（ ▶ 视频讲解：1 小时 16 分钟）

本章概览

tkinter模块中的Canvas（画布）组件同HTML5中的画布一样，用于绘制图形、文本，甚至可以用于设计一些精美的动画。

知识框架

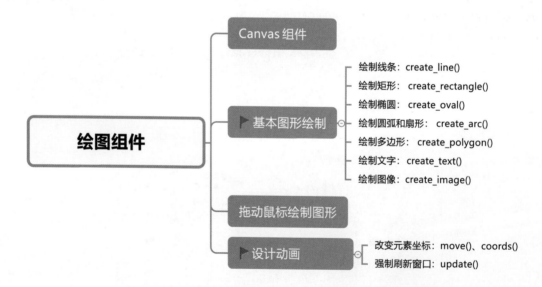

12.1 Canvas 组件

▶ 视频讲解：资源包\Video\12\12.1 Canvas简介.mp4

Canvas组件也是tkinter模块中的组件，主要用途就是绘制图形、文字等，甚至可以将其他的小部件放置在画布上。在使用Canvas组件之前，需要先进行定义。其语法如下：

```
canvas = Canvas(win,option)
```

其中，win为Canvas组件的父容器，option为Canvas组件的相关参数。具体参数及其含义如表12.1所示。

表12.1 Canvas组件的相关参数及其含义

参 数	含 义
bd	设置边框宽度，默认为2像素
bg	设置背景色
confine	如果为true（默认值），则画布不能滚动到可滚动区域外
cursor	设置鼠标指针悬停在Canvas组件上时的形状
height	设置画布的高度
width	设置画布的宽度
highlightcolor	设置画布高亮边框的颜色
relief	设置边框的样式
scrollregion	其值为元组(w,n,e,s)，分别定义左、上、右、下四个方向可滚动的最大区域
xscrollincrement	水平方向滚动时请求滚动的数量值
yscrollincrement	垂直方向滚动时请求滚动的数量值
xscrollcommand	绑定水平滚动条
yscrollcommand	绑定垂直滚动条

实例12.1 窗口中创建画布 | 实例位置：资源包\Code\12\01

通过Canvas组件在窗口中创建一个黄色的画布，具体代码如下：

```
01  from tkinter import *
02  win=Tk()
03  win.title("创建canvas画布")
04  win.geometry("300x200")
05  canvas=Canvas(win,width=200,height=200,bg="#EFEFA3").pack()  # 创建画布
06  win.mainloop()
```

运行效果如图12.1所示。

图12.1 创建画布

12.2 基本图形绘制

12.2.1 绘制线条

📺 视频讲解：资源包\Video\12\12.2.1 绘制线条.mp4

线条是Canvas组件中比较常见的元素之一，Canvas组件中的线条可以有多个顶点，读者在绘制线条时，需要按顺序依次绘制各个顶点。在Canvas组件中，绘制直线是通过create_line()方法实现的。其语法如下：

```
canvas.create_line(x1,y1,x2,y2,…,xn,yn,option)
```

其中，x1,y1,x2,y2,…,xn,yn依次为直线的起点，第二个顶点……直线的终点；option为线条的可选参数。create_line()方法的具体参数及其含义如表12.2所示。

表12.2 create_line()方法的具体参数及其含义

参 数	含 义
arrow	是否添加箭头，默认为无箭头，另外还可以设置其值为FIRST（起始端有箭头）、LAST（末端有箭头）、BOTH（两端都有箭头）
arrowshape	设置箭头的形状，其值为元组(d1,d2,d3)，分别表示三角形箭头的底、斜边和高的长度
capstyle	线条终点的样式，其属性值有BUTT（默认值）、PROJECTING和ROUND
dash	设置线条为虚线，以及虚线的形状，其值为元组(x1,x2)，表示x1像素的实线和x2像素的空白交替显示
dashoffset	与dash相近，不过含义为x1像素的空白和x2像素的实线交替显示
fill	设置线条颜色
joinstyle	设置线条交点的颜色，其值有ROUND（默认值）、BEVEL和MITER
stipple	绘制位图线条
width	设置线条宽度

　　　实例位置：资源包\Code\12\02

在画布中使用线条绘制一个空心的五角星。具体代码如下：

```
01  from tkinter import *
02  win=Tk()
03  win.title("创建canvas画布")
04  win.geometry("300x200")
05  canvas=Canvas(win,width=200,height=200)          # 创建画布
06  # 五角星的顶点
07  line1=(14,65,66,65,83,19,99,64,148,64,111,96,126,143,83,113,44,142,58,97,14,65)
08  line1=canvas.create_line(*line1,fill="red")      # 按顶点的顺序依次绘制直线
09  canvas.pack()
10  win.mainloop()
```

运行效果如图12.2所示。

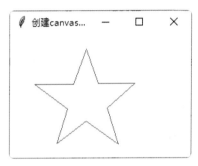

图12.2　绘制五角星

12.2.2　绘制矩形

📺 视频讲解：资源包\Video\12\12.2.2 绘制矩形.mp4

绘制矩形可以使用creat_rectangle()方法，其语法如下：

```
create_rectangle(x1, y1, x2, y2, option)
```

其中，(x1,y1)为矩形的左上角顶点；(x2,y2)为矩形的右下角顶点，当x2-x1=y2-y1时，所绘制的矩形为正方形；option为矩形的可选参数，其中，dash、dashoffset、stipple及width参数的含义可以参照表12.2，另外可以通过outline属性设置矩形的轮廓颜色，以及通过fill属性设置矩形的填充颜色。

　　　实例位置：资源包\Code\12\03

在画布中绘制一个正方形，然后通过键盘的方向键向指定方向移动该正方形。具体代码如下：

```
01  def up1(event):
02      # move()方法实现rect向上移动两个单位
03      canvas.move(rect, 0, -2)
04  def down1(event):
05      # move()方法实现rect向下移动两个单位
06      canvas.move(rect, 0, 2)
07  def left1(event):
08      # move()方法实现rect向左移动两个单位
```

```
09        canvas.move(rect, -2,0 )
10  def right1(event):
11        # move()方法实现rect向右移动两个单位
12        canvas.move(rect, 2,0 )
13  from tkinter import *
14  win = Tk()
15  win.title("键盘控制正方形移动")
16  win.geometry("300x200")
17  canvas = Canvas(win, width=200, height=200, relief="solid")    # 创建画布
18  rect = canvas.create_rectangle(10, 10, 50, 50, fill="#C8F7F2")  # 绘制正方形
19  canvas.pack()
20  win.bind("<Up>", up1)                                           # 绑定键盘事件
21  win.bind("<Down>", down1)
22  win.bind("<Left>", left1)
23  win.bind("<Right>", right1)
24  win.mainloop()
```

运行效果如图12.3所示。按下方向键，正方形即可向对应方向移动。

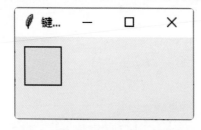

图12.3 通过键盘控制正方形移动

说明

实例 12.3 中，通过 move() 方法实现了正方形的移动，该方法中的三个参数的含义依次为：平移的对象、水平移动距离和垂直移动距离。

12.2.3 绘制椭圆

📺 视频讲解：资源包\Video\12\12.2.3 绘制椭圆.mp4

绘制椭圆和圆形使用的方法相同，即 creat_oval() 方法。其语法如下：

```
create_oval(x1, y1, x2, y2,option)
```

其中，(x1,y1) 为椭圆的左上角坐标，(x2,y2) 为椭圆的右下角坐标，其坐标如图12.4所示；option 参数及其含义可以参照表12.2。

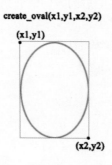

图12.4 椭圆的坐标位置

实例12.4 绘制简笔画人脸 | 实例位置：资源包\Code\12\04

使用creat_oval()方法绘制简笔画人脸。具体代码如下：

```
01  from tkinter import *
02  win = Tk()
03  win.title("绘制人脸")
04  win.geometry("300x200")
05  canvas = Canvas(win, width=200, height=200, relief="solid")
06  cir1 = canvas.create_oval(34, 68, 143, 127, fill="#C8F7F2")        # 脸
07  cir2 = canvas.create_oval(59,83,71,99,fill="#E6F1B7")             # 左眼
08  cir2_1 = canvas.create_oval(61,86,71,94,fill="#000000")          # 左眼珠
09  cir3 = canvas.create_oval(101,83,113,99,fill="#E6F1B7")          # 右眼
10  cir3_1 = canvas.create_oval(100,86,109,94,fill="#000000")        # 右眼珠
11  canvas.pack()
12  win.mainloop()
```

运行效果如图12.5所示。

图12.5 绘制简笔画人脸

12.2.4 绘制圆弧和扇形

▶ 视频讲解：资源包\Video\12\12.2.4 绘制圆弧与扇形.mp4

视频讲解

绘制圆弧和扇形都使用create_arc()方法，只是使用的参数不同，下面具体讲解。

12.2.4.1 绘制圆弧

绘制圆弧除了需要指定圆弧的起始坐标和终点坐标，还需要指定圆弧的角度。其语法如下：

```
canvas.create_arc(x1,y1,x2,y2,extent=angle,style=ARC,option)
```

其中，(x1,y1)为圆弧的起点坐标，(x2,y2)为圆弧的终点坐标，其坐标的定位可以参照图12.4；option参数及其含义可以参照表12.2；extend表示圆弧的角度；style表示绘制的类型，其属性值有3个，分别是ARC、CHORD和PIESLICE。下面通过一个示例演示style属性值的样式。示例代码如下：

```
01  from tkinter import *
02  win = Tk()
03  win.title("绘制圆弧")
04  win.geometry("300x200")
05  canvas = Canvas(win, width=500, height=400, relief="solid")
06  canvas.create_arc(20,40,150,150,extent=120,outline="#EDB17A",start=30,width=2,
    style=ARC)
```

```
07  canvas.create_arc(170,40,300,150,extent=120,outline="#EDB17A",start=30,
      width=2,style=CHORD)
08  canvas.create_arc(320,40,450,150,extent=120,outline="#EDB17A",start=30,width=2,
      style=PIESLICE)
09  canvas.pack()
10  win.mainloop()
```

运行效果如图12.6所示。

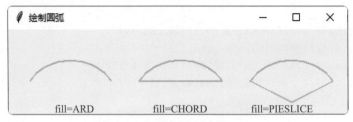

图12.6 style属性各属性值的样式

实例12.5 绘制西瓜　　实例位置：资源包\Code\12\05

使用 create_oval() 和 create_arc() 方法绘制西瓜。具体代码如下：

```
01  from tkinter import *
02  win = Tk()
03  win.title("绘制西瓜")
04  win.geometry("300x200")
05  canvas = Canvas(win, width=200, height=200, relief="solid")
06  arc1=canvas.create_arc(40,40,150,150,extent=-180,fill="#E95121",outline="#73F18B",width=5)
07  line=canvas.create_line(42,94,148,94,width=7,fill="#E95121")
08  cir1 = canvas.create_oval(95, 95, 100, 100, fill="#000000")       # 西瓜籽
09  cir2 = canvas.create_oval(70, 97, 75, 102, fill="#000000")        # 西瓜籽
10  cir3 = canvas.create_oval(95, 125, 100, 130, fill="#000000")      # 西瓜籽
11  cir4 = canvas.create_oval(65, 125, 70, 130, fill="#000000")       # 西瓜籽
12  cir5 = canvas.create_oval(125, 110, 130, 115, fill="#000000")     # 西瓜籽
13  canvas.pack()
14  win.mainloop()
```

运行效果如图12.7所示。

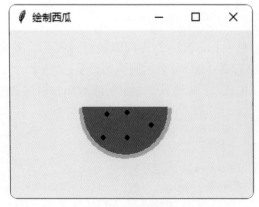

图12.7 绘制西瓜

12.2.4.2　绘制扇形

绘制扇形同样使用create_arc()方法，只不过不仅需要指定扇形的起始坐标和终点坐标，还需要指定style="PIESLICE"，以及设定扇形的角度和起始角度。其语法如下：

```
create_arc(x1,y1,x2,y2,extent=angle,start=startangle,style=PIESLICE)
```

其中，extent为扇形中弧形的角度，默认值为90；start为弧形的起始角度，默认值为0。

实例12.6　绘制西瓜形状的雪糕　　　　实例位置：资源包\Code\12\06

综合使用Canvas组件中的各方法，绘制一个西瓜形状的雪糕。具体代码如下：

```
01  from tkinter import *
02  win = Tk()
03  win.title("绘制西瓜状雪糕")
04  win.geometry("300x200")
05  canvas = Canvas(win, width=500, height=400, relief="solid")
06  canvas.create_line(95,124,95,194,fill="#E9D39D",capstyle=ROURD,width=12      # 雪糕把手
07  canvas.create_arc(5,-70,185,162,extent=-40,outline="#32E143",fill="#32E143",
        start=-70,width=2,style=PIESLICE)      # 西瓜的皮
08  canvas.create_arc(8,-67,181,155,extent=-40,outline="#E92742",fill="#E92742",
        start=-70,width=2,style=PIESLICE)      # 西瓜的瓤
09  canvas.create_arc(92,74,97,79,extent=159,fill="#000",width=2,style=ARC)      # 西瓜籽
10  canvas.create_arc(97,94,102,99,extent=180,start=90,fill="#000",width=2,style=ARC)
11  canvas.create_arc(110,124,113,127,extent=359,fill="#000",width=2,style=ARC)  # 西瓜籽
12  canvas.create_arc(90,134,93,137,extent=359,fill="#000",width=2,style=ARC)    # 西瓜籽
13  canvas.pack()
14  win.mainloop()
```

运行效果如图12.8所示。

图12.8　绘制西瓜形状的雪糕

12.2.5　绘制多边形

📹 视频讲解：资源包\Video\12\12.2.5　绘制多边形.mp4

绘制多边形同绘制线条一样，需要按顺序（顺时针或者逆时针方向都可以）依次描绘多边形的各个顶点，只不过绘制多边形需要使用create_polygon()方法。其语法如下：

```
canvas.create_polygon(x1,y1,x2,y2,xn,yn,option)
```

其中，(x1,y1)、(x2,y2)及(xn,yn)为顺时针方向或者逆时针方向依次描绘的多边形的顶点；option为绘制多边形的相关参数，具体内容可参照表12.2。

实例12.7 绘制七巧板拼成的松鼠图案　　实例位置：资源包\Code\12\07

七巧板是很多人儿时的玩具，通过不同的摆放方式，可以将七巧板摆出不同的造型。接下来通过Canvas组件绘制一个七巧板拼成的松鼠。具体代码如下：

```
01  from tkinter import *
02  win = Tk()
03  win.title("绘制松鼠")
04  win.geometry("240x260")
05  canvas = Canvas(win, width=250, height=250, relief="solid")
06  poly1=canvas.create_polygon(27,8,27,62,54,34,fill="#fbfe0d")              # 左耳
07  poly2=canvas.create_polygon(54,34,81,8,81,63,fill="red")                 # 右耳
08  poly3=canvas.create_polygon(81,63,54,35,25,61,53,90,fill="#0001fc")      # 脸
09  poly4=canvas.create_polygon(81,63,81,176,138,121,fill="#32ccfe")         # 身体
10  poly5=canvas.create_polygon(81,97,43,135,81,174,fill="#fdcbfe")          # 上半身
11  poly6=canvas.create_polygon(139,119,60,198,140,198,fill="#02cd02")       # 下半身
12  poly7=canvas.create_polygon(140,198,167,170,223,170,196,198,fill="#9b01ff") # 尾巴
13  canvas.pack()
14  win.mainloop()
```

运行效果如图12.9所示。

图12.9 绘制七巧板拼成的松鼠图案

12.2.6 绘制文字

视频讲解：资源包\Video\12\12.2.6 绘制文字.mp4

绘制文字需要使用create_text()方法。其语法如下：

```
create_text(x, y, text, option)
```

其中，(x,y)为字符串的中心位置；text指定输出的字符串；option为文字的相关属性，如font、fill及justify等。

实例12.8 绘制随机颜色和字体的文字　　实例位置：资源包\Code\12\08

使用Canvas组件绘制一行文字，并且每一次单击"绘制"按钮时，随机改变文字的字体和颜色。

具体代码如下:

```
01  from tkinter import *
02  import random
03  # 颜色列表
04  fill_color = ["#B0E3DD", "#E19644", "#6689E1", "#E16678", "#66E1CA"]
05  # 字体列表
06  font_family = ["方正舒体", "方正姚体", "华文琥珀", "宋体", "华文行楷", "楷体", "华文新魏", "隶书"]
07  def draw():
08      canvas.delete("all")                              # 清空画布
09      color = fill_color[random.randint(0, 4)]          # 随机选择文字颜色
10      family = font_family[random.randint(0, 7)]        # 随机选择字体
11      text = canvas.create_text(160, 60, text=str, font=(family, 20), fill=color) # 绘制文字
12  win = Tk()
13  win.title("绘制文字")
14  win.geometry("330x200")
15  canvas = Canvas(win, width=300, height=160, relief="solid")
16  str = "人因梦想而伟大"                                  # 定义文字内容
17  canvas.pack()
18  Button(win, text="绘制", command=draw).pack()
19  win.mainloop()
```

运行程序, 初始效果如图 12.10 所示。单击"绘制"按钮, 窗口中即可显示随机字体和颜色的文字, 如图 12.11 所示。

图 12.10　初始运行效果

图 12.11　单击"绘制"按钮绘制文字

说明

实例 12.8 中, 每一次重新绘制文字, 都需要清除 Canvas 组件中原有的所有内容, 清除画布内容使用的方法就是 delete(shape), 其中 shape 参数为具体要删除的内容, 若参数为"all"表示清除画布内所有内容。

12.2.7　绘制图像

视频讲解

📹 视频讲解: 资源包\Video\12\12.2.7　绘制图像.mp4

Canvas 组件同样可用于绘制图像, 所使用的方法是 create_image(), 其语法如下:

```
create_image(x, y, image,option)
```

其中, (x,y) 为图像左上角顶点坐标; image 为添加的图像; option 为可选参数, 例如 anchor (具体用法可以参照 tkinter 布局管理中的 pack() 方法的 anchor 参数)。

实例12.9 用鼠标拖动小鸟，帮小鸟回家 ｜ 实例位置：资源包\Code\12\09

在窗口中使用Canvas组件绘制一只小鸟和鸟巢，并且可以使用鼠标拖动小鸟，当小鸟被移动到鸟巢中时，弹出感谢用户帮小鸟回家的提示框。具体代码如下：

```python
01  from tkinter import *
02  from tkinter.messagebox import *
03  # 拖动鼠标，移动小鸟
04  def draw(event):
05      canvas.coords(bird, event.x, event.y)
06  # 判断小鸟是否回家
07  def panduan(event):
08      canvas.coords(bird, event.x, event.y)
09      x1=abs(event.x-340)
10      y1=abs(event.y-70)
11      if x1<70 and y1<75:
12          showinfo("小鸟回家","谢谢你成功帮小鸟回家")
13  win = Tk()
14  win.title("帮助小鸟回家")
15  win.geometry("400x320")
16  canvas = Canvas(win, width=400, height=320, relief="solid", bg="#E7D2BB")
17  bird1 = PhotoImage(file="bird.png")
18  house1 = PhotoImage(file="house.png")
19  house = canvas.create_image(340, 70, image=house1)      # 绘制房子
20  bird = canvas.create_image(150, 250, image=bird1)       # 绘制小鸟
21  canvas.grid(row=0, column=0, columnspan=2)
22  canvas.bind("<B1-Motion>", draw)                        # 绑定鼠标按住左键移动事件
23  canvas.bind("<ButtonRelease-1>",panduan)               # 绑定鼠标松开左键事件
24  win.mainloop()
```

运行程序，初始运行效果如图12.12所示。用鼠标按住小鸟并将其拖动至鸟巢中，即可帮助小鸟回家，如图12.13所示。

图12.12 初始运行效果

图12.13 小鸟成功回家

12.3 拖动鼠标绘制图形

📹 视频讲解：资源包\Video\12\12.3 拖动鼠标绘制图形.mp4

视频讲解

在Canvas组件中并不能直接通过鼠标绘制图形，但是，可以通过为Canvas组件绑定鼠标事件，然后根据鼠标指针经过的坐标位置绘制圆形，再将一系列圆形连在一起形成线条（可以理解为数学中

的点动成线）。

实例12.10　在窗口中进行书法秀 ｜ 实例位置：资源包\Code\12\10

使用Canvas组件在窗口中绘制米字格，然后实现用户在米字格中自由书写文字的功能。具体代码如下：

```
01  def draw(event):
02      global text1
03      # 鼠标绘制图形
04  text1=canvas.create_oval(event.x,event.y,event.x+10,event.y+10,fill="green",outline="")
05  def delete1():
06      canvas.delete("all")              # 删除画布上所有元素
07      can()                             # 初始化画布
08  from tkinter import *
09  win=Tk()
10  win.title("书法秀")
11  win.geometry("420x420")
12  canvas = Canvas(win, width=400, height=400, bg="#F1E9D0", relief="solid")
13  def can():
14      rect=canvas.create_rectangle(4,4,400,385,outline="red",width=2)
15      line1=canvas.create_line(2,198,400,198,dash=(2,2),fill="red")
16      line2=canvas.create_line(198,2,198,400,dash=(2,2),fill="red")
17      line3=canvas.create_line(0,0,400,400,dash=(2,2),fill="red")
18      line4=canvas.create_line(0,400,400,0,dash=(2,2),fill="red")
19      canvas.pack(side="bottom")
20      canvas.bind("<B1-Motion>",draw)
21  Button(win,text="清屏",command=delete1).pack(side="bottom")
22  can()
23  win.mainloop()
```

运行程序，初始效果如图12.14所示，然后在窗口中拖动鼠标书写文字，效果如图12.15所示。

图12.14 初始运行效果

图12.15 拖动鼠标书写文字

12.4 设计动画

▶ 视频讲解：资源包\Video\12\12.4 Canvas组件中设计动画.mp4

Canvas组件不仅可用于绘制基本图形和图像，还可用于设计动画，设计动画主要通过移动或改变Canvas组件中元素的坐标来实现。移动和改变坐标主要通过两个方法，分别是move()和coor ds()，具体如下：

☑ move(ID,x,y)：表示将 ID（ID 为 Canvas 中需要移动的形状的编号）水平方向向右移动 x 单位长度，垂直向下移动 y 单位长度。

☑ coords(shape,x1,y1,x2,y2)：相当于重新设置所绘制图形的坐标。shape 为所修改形状的名称。

此外，每当元素的位置改变，需要强制刷新窗口中的内容，所用方法是 update()。

实例12.11 实现小猫钓鱼游戏　　　　　　　实例位置：资源包\Code\12\11

在画布中添加小猫和鱼，单击"开始"按钮时，鱼开始来回水平游动；当用户单击"钓鱼"按钮时，小猫向上移动到与鱼同一水平位置。如果小猫和鱼重合，则小猫钓鱼成功，否则钓鱼失败。具体步骤如下：

（1）导入相关模块，然后在窗口中添加小猫和鱼等元素，具体代码如下：

```
01  from tkinter import *
02  from tkinter.messagebox import *
03  import time
04  win = Tk()
05  win.title("小猫钓鱼")
06  win.geometry("400x400")
07  canvas = Canvas(win, width=400, height=320, relief="solid",bg="#E7D2BB")
08  cat1=PhotoImage(file="cat.png")
09  fish1=PhotoImage(file="fish.png")
10  fish2=PhotoImage(file="fish1.png")
11  fish=canvas.create_image(350,50,image=fish1)     # 绘制鱼
12  cat=canvas.create_image(150,250,image=cat1)      # 绘制小猫
13  canvas.grid(row=0,column=0,columnspan=2)
14  btn=Button(win,text="开始",command=move_fish).grid(row=1,column=0)
15  Button(win,text="钓鱼",command=catch_fish).grid(row=1,column=1)
16  win.mainloop()
```

（2）通过 coords() 方法让鱼游动，接着通过 sleep() 方法让鱼每隔 0.1s 移动一步，然后通过 update() 方法强制刷新窗口。具体在步骤（1）的第 3 行代码后面添加如下代码：

```
01  x1=350                    # 鱼的初始水平坐标
02  step=2
03  op=1                      # 控制鱼向左移动或者向右移动
04  bar=1                     # 当bar=0时，鱼不再游动
05  def move1():
06      global bar
07      bar=1
08      global  x1
09      global fish
10      global op
11      if(x1>=350):          # 如果鱼的坐标在最右侧，则设置鱼的移动方向为向左
12          op=-1
13          canvas.delete(fish)
14          fish = canvas.create_image(x1, 50, image=fish1)
```

```
15      if(x1<=0):                                    # 如果鱼的坐标在最左侧，则鱼的移动方向为向右
16          op=1
17          canvas.delete(fish)
18          fish = canvas.create_image(x1, 50, image=fish2)
19      x1=x1+op*step
20      canvas.coords(fish,(x1,50))
21  def move_fish():                                  # 鱼持续游动
22      while bar:
23          move1()                                   # 鱼游动
24          time.sleep(0.1)                           # 每隔0.1s移动一次
25          win.update()                              # 更新页面
```

（3）当玩家单击"钓鱼"按钮时，将小猫移动到最上方，然后判断小猫是否抓到鱼，具体在步骤（2）的代码后面直接添加如下代码：

```
26  def catch_fish():
27      canvas.coords(cat, (150, 50))
28      global bar
29      bar = 0                                       # 鱼停止游动
30      if abs(x1-50)<=160 and abs(x1-50)>=40:        # 160和40为小猫与鱼之间的距离
31          showinfo("成功钓鱼","恭喜 钓到一条鱼")
32      else:
33          showinfo("钓鱼失败", "哇喔，钓鱼失败哦")
```

运行程序，初始效果如图12.16所示。单击"开始"按钮，鱼开始游动，然后单击"钓鱼"按钮，小猫立刻移动到最上方，若小猫与鱼的位置重合则钓鱼成功，否则钓鱼失败，图12.17所示为小猫钓鱼失败的效果。

图12.16 初始运行效果　　　　　　　图12.17 小猫钓鱼失败效果图

本章 e 学码：关键知识点拓展阅读

（capstyle=）BUTT　　　（joinstyle=）ROUND　　　弧形的起始弧度
（capstyle=）PROJECTING　（style=）ARC　　　　　扇形中弧形的弧度
（capstyle=）ROUND　　　（style=）CHORD　　　　线条焦点
（joinstyle=）BEVEL　　　（style=）PIESLICE　　　圆弧的角度
（joinstyle=）MITER　　　点动成线

e 学码

141

第 **13** 章

事件处理

（ ▶ 视频讲解：53 分钟）

在 Python GUI 编程中，组件响应事件处理是常用操作，那么 tkinter 模块中事件的类型有哪些？绑定事件的方式有几种？相信每一个学习 tkinter 模块的程序员都会有这些疑问。本章将详细介绍 tkinter 模块中鼠标和键盘事件的处理。

知识框架

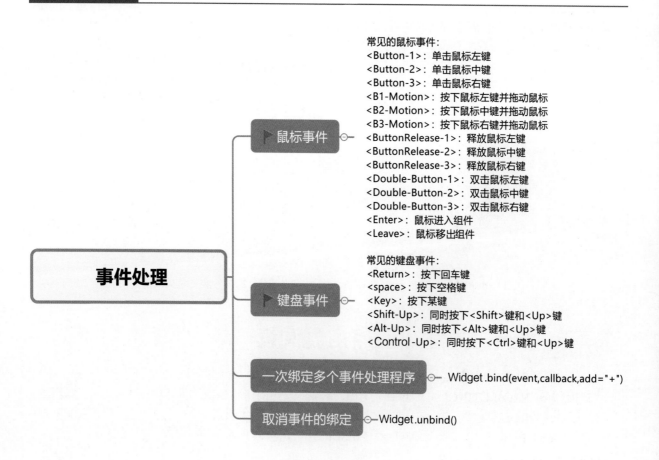

13.1　鼠标事件

▶ 视频讲解：资源包\Video\13\13.1　鼠标事件.mp4

无论是上网还是玩游戏，当用户通过鼠标、键盘等游戏控制设备与图形界面交互时，就会触发事件。在tkinter模块中定义事件时，通常将事件名称放置在尖括号"<>"中。tkinter模块中为组件定义绑定事件的通用语法如下：

```
Widget.bind(event,handle)
```

其中，Widget为事件的来源，可以是根窗口，也可以是窗口中的组件等；event为具体的事件；handle为事件的处理程序。例如，实现鼠标左键单击Label组件时执行click()方法，其代码如下：

```
label.bind("<Button-1>",click)
```

tkinter模块中鼠标相关事件及其含义如表13.1所示。

表13.1　鼠标相关事件及其含义

事　件	含　义
<Button-1>	单击鼠标左键
<Button-2>	单击鼠标中键
<Button-3>	单击鼠标右键
<Button-4>	向上滚动滚轮
<Button-5>	向下滚动滚轮
<B1-Motion>	按下鼠标左键并拖动鼠标
<B2-Motion>	按下鼠标中键并拖动鼠标
<B3-Motion>	按下鼠标右键并拖动鼠标
<ButtonRelease-1 >	释放鼠标左键
<ButtonRelease-2 >	释放鼠标中键
<ButtonRelease-3 >	释放鼠标右键
<Double-Button-1 >	双击鼠标左键
<Double-Button-2 >	双击鼠标中键
<Double-Button-3 >	双击鼠标右键
<Enter>	鼠标指针进入组件
<Leave>	鼠标指针移出组件

说明

表13.1所示事件中，当事件发生时，鼠标指针相对组件的位置会被存入事件对象event中（鼠标指针相对组件的位置为(event.x, event.y)），所以在绑定的回调函数中，即使不需要鼠标指针的位置，也应该接收event参数，否则会发生错误。

例如，在窗口中添加一个 Label 组件，当鼠标指针进入该组件时，立刻显示文字；当鼠标指针离开时，则隐藏 Label 组件中的文字。具体代码如下：

```
01  def show1(event):                          # 显示文字
02      label.config(text="我是Label组件")
03  def hidden1(event):                        # 隐藏文字
04      label.config(text="")
05  from tkinter import *
06  win=Tk()
07  label=Label(win,bg="#C5E1EF",width=20,height=3)
08  label.pack(pady=20,padx=20)
09  label.bind("<Enter>",show1)           # 绑定鼠标指针进入事件
10  label.bind("<Leave>",hidden1)         # 绑定鼠标指针移出事件
11  win.mainloop()
```

运行程序，效果如图 13.1 和图 13.2 所示。

图 13.1 鼠标指针进入 Label 组件，显示文字　　　　图 13.2 鼠标指针离开 Label 组件，隐藏文字

实例13.1　实现找颜色眼力测试游戏　　　|　　实例位置：资源包\Code\13\01

在 10×10 的彩色方格中，有一个方格的颜色与众不同，找出该方块即可进入下一关。具体步骤如下：

（1）首先添加窗口，然后通过 for 循环在窗口中添加 100 个小方块，并且为方块统一添加背景色，然后从中随机选择一个方块重新设置背景色，并且为该方块绑定单击鼠标左键事件。具体代码如下：

```
01  from tkinter import *
02  import random
03  win = Tk()
04  win.geometry("270x270")
05  win.resizable(0,0)
06  sqareBox=[]                                # 将方块存储在列表中
07  colorBox=col()
08  for i in range(10):                        # i表示行
09      for j in range(10):                    # j表示列
10          label=Label(win,width=3,height=1,bg=colorBox[0],relief="groove")
11          sqareBox.append(label)            # 将组件添加到列表中
12          label.grid(row=i,column=j)
13  sqareBox[inde].config(bg=colorBox[1])
14  sqareBox[inde].bind("<Button-1>",panduan)           # 为颜色与众不同的方块添加单击事件
15  level=Label(win,text="第1关",font=14)
16  level.grid(row=11,column=0,columnspan=10,pady=10)
17  win.mainloop()
```

（2）编写方法 col()，实现随机生成两个相近颜色的色值，并将其保存在数组中，在步骤（1）的第 2

行代码下方添加如下代码：

```
01  num=1                                              # 第几关
02  # 随机设置颜色与众不同的方块（下面简称方块A）的索引
03  inde=random.randint(0, 99)
04  # 随机设置颜色
05  def col():
06      arr=["0","1","2","3","4","5","6","7","8","9","A","B","C","D","E","F"]
07      # 为保证颜色相近，color1+color2为多数方块的颜色，color1+color3为方块A的颜色
08      color1=""
09      color2=""
10      color3=""
11      for i in range(4):
12          color1+=arr[random.randint(0,15)]
13      for i in range(2):
14          color2+=arr[random.randint(0,15)]
15      for i in range(2):
16          color3+=arr[random.randint(0,15)]
17      colorArr = []                                   # 将2个颜色保存到列表里
18      colorArr.append("#"+color1+color2)
19      colorArr.append("#"+color1+color3)
20      return colorArr
```

（3）编写panduan()方法，实现当用户找到颜色与众不同的方块时，自动进入下一关，并且更新当前的关数，在步骤（2）中代码下方添加如下代码：

```
21  def panduan(event):
22      global num
23      num+=1                                          # 当前游戏关数加1
24      level.config(text="第"+str(num)+"关")
25      # 每刷新一次就需要获取一次方块A的索引
26      inde = random.randint(1, 100)
27      # 获取所有方块的颜色
28      colorBox=col()
29      for i in sqareBox:
30          i.config(bg=colorBox[0])
31      sqareBox[inde].config(bg=colorBox[1])
32      # 重新为方块A绑定鼠标单击事件
33      sqareBox[inde].bind("<Button-1>",panduan)
```

运行程序，效果如图13.3所示，单击颜色与众不同的方块，即可进入下一关。

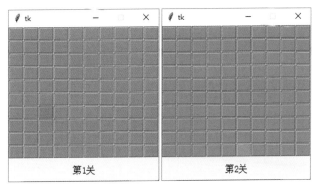

图13.3 找颜色眼力测试游戏

13.2 键盘事件

视频讲解：资源包\Video\13\13.2 键盘事件.mp4

绑定键盘事件与绑定鼠标事件的语法类似，所以此处直接介绍tkinter模块中常见的键盘事件及其含义，具体如表13.2所示。

表13.2 键盘事件及其含义

事 件	含 义
\<Return\>	按下回车键
\<space\>	按下空格键
\<Key\>	按下某键，键值会作为event对象参数被传递
\<Shift-Up\>	同时按下\<Shift\>键和\<Up\>键
\<Alt-Up\>	同时按下\<Alt\>键和\<Up\>键
\<Control-Up\>	同时按下\<Ctrl\>键和\<Up\>键

例如输入文字时统计多行文本框中的字数，具体代码如下：

```
01  def prt(event):
02      le = len(text.get("0.0", END))
03      label.config(text=str(le))
04  from tkinter import *
05  win = Tk()
06  text = Text(win, width=20, height=5)
07  text.pack()
08  label = Label(win)
09  label.pack()
10  text.bind("<Key>", prt)          # 绑定键盘事件
11  win.mainloop()
```

运行效果如图13.4所示。

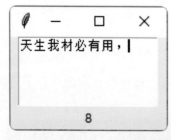

图13.4 输入文字时，统计文字数量

实例13.2 模拟贪吃蛇游戏中通过键盘控制蛇的移动方向 | 实例位置：资源包\Code\13\02

在画布中添加5个小方块模拟贪吃蛇形象，然后实现通过键盘的方向键控制贪吃蛇向指定方向移动。具体实现步骤如下：

（1）首先定义蛇头的初始位置、组成蛇身体的方块的数量等，以便于修改，具体代码如下：

```
01  w=10                          # 蛇身体由小正方形组成，w为正方形的边长
02  x1 = 0                        # 蛇头的初始位置
03  y1 = 10
04  num=5                         # 初始状态的蛇由5个方块组成
05  step=10                       # 蛇移动的单位距离
```

（2）创建窗口，在窗口中添加"蛇"，并且为窗口绑定键盘事件。具体代码如下：

```
01  # 添加蛇
02  from tkinter import *
03  win = Tk()
04  # 贪吃蛇
05  snake=[]
06  for i in range(num):
07      item1 = Frame(width=10, height=10, bg="#86E7DD")
08      snake.append(item1)
09      item1.place(x=x1, y=y1+i*w)
10  snake[0].config(bg="#E7869D")
11  win.bind("<Up>",up1)                # 绑定事件
12  win.bind("<Down>",down1)
13  win.bind("<Left>",left1)
14  win.bind("<Right>",right1)
15  win.mainloop()
```

（3）编写up1()和down1()等方法，分别实现蛇向上、下、左、右四个方向移动，在步骤（1）和步骤（2）的代码之间添加如下代码：

```
01  # 按上键，控制蛇向上移动
02  def up1(event):
03      for index,ch in enumerate(snake):
04          ind=len(snake)-index-1
05          if ind==0:           # 蛇头的移动
06              snake[ind].place(x=xx(snake[ind]),y=yy(snake[ind])- step)
07          else:                # 蛇身体的移动
08              snake[ind].place(x=xx(snake[ind - 1]),y=yy(snake[ind - 1]))
09  # 按下键，控制蛇向下移动
10  def down1(event):
11      for index,ch in enumerate(snake):
12          ind=len(snake)-index-1
13          if ind==0:
14              snake[ind].place(x=xx(snake[ind]),y=yy(snake[ind])+ step)
15          else:
16              snake[ind].place(x=xx(snake[ind - 1]),y=yy(snake[ind - 1]))
17  def left1(event):            # 按左键，控制蛇向左移动
18      for index,ch in enumerate(snake):
19          ind=len(snake)-index-1
20          if ind==0:
21              snake[ind].place(x=xx(snake[ind]) - step, y=yy(snake[ind]))
22          else:
```

```
23              snake[ind].place(x=xx(snake[ind - 1]),y=yy(snake[ind - 1]))
24    def right1(event):          # 按右键，控制蛇向右移动
25        for index,ch in enumerate(snake):
26            ind=len(snake)-index-1
27            if ind==0:
28                snake[ind].place(x=xx(snake[ind])+ step,y=yy(snake[ind]))
29            else:
30                snake[ind].place(x=xx(snake[ind - 1]),y=yy(snake[ind - 1]))
31    # 避免重复代码，通过xx(moudle)和yy(moudle)方法获取指定组件module的当前位置
32    def xx(module):
33        return int(module.winfo_geometry().split("+")[1])
34    def yy(module):
35        return int(module.winfo_geometry().split("+")[2])
```

运行程序，可以在窗口中看到一条静止的贪吃蛇，如图13.5所示。每按一次键盘上的方向键，贪吃蛇就会向对应方向移动一个单元格，例如，按键盘右键时的运行效果如图13.6所示。

图13.5 贪吃蛇初始效果　　　　图13.6 贪吃蛇向右移动

13.3 一次绑定多个事件处理程序

▶ 视频讲解：资源包\Video\13\13.3 绑定多个事件处理程序.mp4

前面介绍了如何为组件绑定事件，实际上，bind()方法还有一个可选的参数"add"，其参数值可以为空字符串" "（默认值）或"+"。当参数值为空字符串时，表示当前绑定的事件处理程序将替代与该组件相关联的其他事件处理程序；当参数值为"+"时，表示将此处理程序添加到此事件类型的函数列表中。

例如，我们为按钮分别绑定了三个函数——fg1()、bg()和font()，分别设置按钮的前景色、背景色及字号。具体代码如下：

```
01   def fg1():
02       button.config(fg="red")                          # 设置前景色
03   def bg(event):
04       button.config(bg="#ABE1DB")                       # 设置背景色
05   def font(event):
06       button.config(font="14")                          # 设置字号
07   from tkinter import *
08   win=Tk()
09   button=Button(win,text="按钮",command=fg1)            # 绑定fg1()函数
10   button.bind("<Button-1>",bg,add="+")                  # 绑定bg()函数
```

```
11  button.bind("<Button-1>",font,add="+")          # 绑定font()函数
12  button.pack(pady=10)
13  win.mainloop()
```

运行程序，然后单击窗口中的按钮，效果如图13.7所示。若去掉上面代码第11行中的"add="+""，再次运行程序，则效果如图13.8所示。

图13.7　绑定多个事件处理程序（1）

图13.8　绑定多个事件处理程序（1）

通过对比图13.7和图13.8可以看出，去掉了第11行代码中的"add="+""，第10行代码并没有起作用，这是因为第11行的处理程序替代了第10行的处理程序。

实例13.3　为多个Label组件一键添加颜色　　　　　　实例位置：资源包\Code\13\03

实现单击"一键着色"按钮时，改变窗口中的奇数方块和偶数方块的颜色。具体步骤如下：

（1）通过循环添加多个Label组件，并且按照其位置（奇数或偶数）存储在两个数组中，便于添加颜色。使用command属性和bind()方法分别为按钮绑定事件。具体代码如下：

```
01  from tkinter import *
02  import random
03  win=Tk()
04  win.geometry("330x200")
05  box1=[]
06  box2=[]
07  # 通过循环定义多个Label组件
08  for i in range(8):
09      for j in range(2):
10          label=Label(win,width=5,height=1,relief="groove")
11          label.grid(row=j,column=i)
12          if (i+j)%2==0:
13              box1.append(label)
14          else:
15              box2.append(label)
16  btn=Button(win,text="一键着色",command=color1)
17  btn.grid(row=9,column=0,columnspan=8)
18  btn.bind("<Button-1>",color2,add="+")  # 绑定第二个事件
19  win.mainloop()
```

（2）编写一个函数实现随机生成颜色值，然后分别编写color1()和color2()方法，具体在步骤（1）的第2行代码下方添加如下代码：

```
01  # 随机生成颜色
02  def col():
03      arr=["0","1","2","3","4","5","6","7","8","9","A","B","C","D","E","F"]
04      # 为保证颜色相近，color1+color2为多数方块的颜色，color1+color3为与众不同的方块的颜色
05      color1="#"
06      for i in range(6):
```

```
07        color1+=arr[random.randint(0,15)]
08     return color1
09  # 第一部分Label组件添加颜色
10  def color1():
11     a=col()
12     for i in box1:
13        i.config(bg=a)
14  # 第二部分Label组件添加颜色
15  def color2(event):
16     a=col()
17     for i in box2:
18        i.config(bg=a)
```

运行程序，初始效果如图13.9所示。单击"一键着色"按钮，效果如图13.10所示。

图13.9 初始运行效果

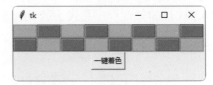
图13.10 单击"一键着色"按钮的效果

13.4 取消事件的绑定

视频讲解：资源包\Video\13\13.4 取消事件的绑定.mp4

绑定事件通过bind()方法实现，而取消绑定事件，则通过unbind()方法来实现。例如，取消为label绑定的单击鼠标左键事件，其代码如下：

```
label.unbind("<Button-1>")
```

实例13.4 键盘控制方块只能在窗口内移动 | 实例位置：资源包\Code\13\04

实现通过键盘上的方向键控制方块按照指定方向移动的功能，并且当方块移动到窗口边缘时不再移动。具体步骤如下：

（1）在窗口中添加方块，并且为窗口绑定键盘事件，具体代码如下：

```
01  from tkinter import *
02  win = Tk()
03  win.geometry("300x200")
04  win.resizable(0, 0)
05  frame = Frame(width=40, height=40, bg="#E2ABE5")
06  frame.place(x=0, y=0)
07  win.bind("<Up>", up1)  # 绑定事件
08  win.bind("<Down>", down1)
09  win.bind("<Left>", left1)
10  win.bind("<Right>", right1)
11  win.mainloop()
```

（2）编写up1()、down1()、left1()及right1()等方法，实现方块移动，并且在判断出方块移动到窗口边缘时取消绑定事件。具体在步骤（1）代码上方添加如下代码：

```
01  step = 5
02  def up1(event):
03      # 如果组件贴近窗口的上边缘，则取消绑定键盘事件
04      if (yy(frame) <= 0):
05          win.unbind("<Up>")
06      else:
07          frame.place(x=xx(frame), y=yy(frame) - step)
08  # 按下键，方块向下移动
09  def down1(event):
10      # 如果组件贴近窗口的下边缘，则取消绑定键盘事件
11      if (yy(frame) >= 160):
12          win.unbind("<Down>")
13      else:
14          frame.place(x=xx(frame), y=yy(frame) + step)
15  def left1(event):          # 按左键，方块向左移动
16      if xx(frame) <= 0:
17          win.unbind("<Left>")
18      else:
19          frame.place(x=xx(frame) - step, y=yy(frame))
20  def right1(event):          # 按右键，方块向右移动
21      if xx(frame) >= 260:
22          win.unbind("<Right>")
23      else:
24          frame.place(x=xx(frame) + step, y=yy(frame))
25  # 避免重复代码，通过xx(moudle)和yy(moudle)方法获取指定组件的当前位置
26  def xx(module):
27      return int(module.winfo_geometry().split("+")[1])
28  def yy(module):
29      return int(module.winfo_geometry().split("+")[2])
```

运行程序，可看到窗口内有一个方块，通过键盘上的方向键可以控制方块的移动，如图13.11所示为按下键盘右键控制方块向右移动的效果，当方块的边缘贴近窗口边缘时，方块不再移动，如图13.12所示。

图13.11 控制方块向右移动　　　　　　图13.12 方块贴近窗口右边缘时不再向右移动

本章 e 学码：关键知识点拓展阅读

root 窗口	函数列表	鼠标相对组件的位置
绑定事件	取消绑定事件	

e 学码

第 14 章

数据库操作

（ ▶ 视频讲解：2 小时 2 分钟）

本章概览

　　程序运行的时候，数据都是在内存中的。当程序终止的时候，通常都需要将数据保存到磁盘上。为了便于程序保存和读取数据，并能直接通过条件快速查询到指定的数据，数据库（Database）这种专门用于集中存储和查询的软件应运而生。本章将介绍数据库编程接口的知识，以及使用 SQLite 和 MySQL 存储数据的方法；另外，还会介绍如何在 tkinter 窗口中对 MySQL 数据进行操作。

知识框架

14.1 数据库编程接口

在项目开发中，数据库的应用必不可少。虽然数据库产品有很多，如 SQLite、MySQL、Oracle 等，但是它们的功能基本是一样的。为了对数据库进行统一的操作，大多数语言都提供了简单的、标准化的数据库接口（API）。在 Python Database API 2.0 规范中，定义了 Python 数据库 API 接口的各个部分，如模块接口、连接对象、游标对象、类型对象和构造器、DB API 的可选扩展，以及可选的错误处理机制等。本节将重点介绍数据库接口中的连接对象和游标对象。

14.1.1 连接对象

📹 视频讲解：资源包\Video\14\14.1.1　连接对象.mp4

连接对象（Connection Object）主要提供获取数据库游标对象、提交回滚事务，以及关闭数据库连接的方法。

14.1.1.1 获取连接对象

如何获取连接对象呢？这就需要使用 connect() 函数，该函数有多个参数，具体使用哪个参数，取决于使用的数据库类型。例如，如果访问 Oracle 数据库和 MySQL 数据库，则必须同时下载 Oracle 和 MySQL 数据库模块，这些模块在获取连接对象时，都需要使用 connect() 函数。connect() 函数常用的参数及说明如表 14.1 所示。

表 14.1 connect() 函数常用的参数及说明

参　　数	说　　明
host	主机名
user	用户名
password	用户密码
database/db	数据库名称
charset	数据库编码

例如，使用 PyMySQL 模块连接 MySQL 数据库，示例代码如下：

```
01  conn = pymysql.connect(host='localhost',
02                         user='user',
03                         password='passwd',
04                         db='test',
05                         charset='utf8')
```

说明

上面代码中，pymysql.connect() 使用的参数与表 14.1 中并不完全相同。在使用时，要以具体的数据库模块为准。

14.1.1.2 连接对象的方法

connect() 函数返回连接对象，该对象表示当前与数据库的会话。连接对象支持的方法及说明如表 14.2 所示。

表 14.2 连接对象的方法

方　　法	说　　明
close()	关闭数据库连接
commit()	提交事务
rollback()	回滚事务
cursor()	获取游标对象，操作数据库，如执行 DML 操作、调用存储过程等

commit() 方法用于提交事务，事务主要用于处理数据量大、复杂度高的数据。如果操作的是一系列的动作，比如张三给李四转账，有如下两个操作：

（1）张三账户金额减少；

（2）李四账户金额增加。

多学两招

这时使用事务可以维护数据库的完整性，保证 2 个操作要么全部执行，要么全部不执行。

14.1.2　游标对象

📹 视频讲解：资源包\Video\14\14.1.2　游标对象.mp4

游标对象（Cursor Object）代表数据库中的游标，用于指示数据操作的上下文，主要提供执行 SQL 语句、调用存储过程、获取查询结果等方法。

如何获取游标对象呢？通过连接对象的 cursor() 方法可以获取到游标对象。游标对象的主要属性及说明如下：

☑ description 属性：表示数据库列类型和值的描述信息。

☑ rowcount 属性：返回结果的行数统计信息，如 SELECT、UPDATE、CALLPROC 等。

游标对象的方法及说明如表 14.3 所示。

表 14.3 游标对象的方法及说明

方　法　名	说　　明
callproc(procname[, parameters])	调用存储过程，需要数据库支持
close()	关闭当前游标
execute(operation[, parameters])	执行数据库操作，SQL 语句或者数据库命令
executemany(operation, seq_of_params)	用于批量操作，如批量更新
fetchone()	获取查询结果集中的下一条记录
fetchmany(size)	获取指定数量的记录
fetchall()	获取结果集的所有记录
nextset()	跳至下一个可用的结果集
setinputsizes(size)	设置在调用 execute*() 方法时分配的内存区域大小
setoutputsize(size)	设置列缓冲区大小，对大数据列如 LONGS 和 BLOBS 尤其有用

14.2　使用内置的 SQLite

与许多其他数据库管理系统不同，SQLite 不是一个客户端 / 服务器结构的数据库引擎，而是一种嵌入式数据库，它的数据库就是一个文件。SQLite 将整个数据库（包括定义、表、索引及数据本身）作为一个单独的、可跨平台使用的文件存储在主机中。由于 SQLite 本身是使用 C 语言开发的，而且体积很小，所以，经常被集成到各种应用程序中。Python 就内置了 SQLite3，所以，在 Python 中使用 SQLite 数据库，不需要安装任何模块，直接使用即可。

14.2.1　创建数据库文件

📹 视频讲解：资源包\Video\14\14.2.1 创建数据库文件.mp4

视频讲解

由于 Python 中内置了 SQLite3，所以可以直接使用 import 语句导入 SQLite3 模块。Python 操作数据库的通用流程如图 14.1 所示。

图 14.1　操作数据库的通用流程

实例 14.1　创建 SQLite 数据库文件　┃　实例位置：资源包\Code\14\01

创建一个作为 mrsoft.db 的数据库文件，然后执行 SQL 语句创建一个 user 表（用户表），user 表包含 id 和 name 两个字段。具体代码如下：

```
01  import sqlite3
02  # 连接到SQLite数据库
03  # 数据库文件是mrsoft.db，如果文件不存在，会自动在当前目录创建
04  conn = sqlite3.connect('mrsoft.db')
05  # 创建一个Cursor
06  cursor = conn.cursor()
07  # 执行一条SQL语句，创建user表
08  cursor.execute('create table user (id int(10) primary key, name varchar(20))')
09  # 关闭游标
10  cursor.close()
11  # 关闭Connection
12  conn.close()
```

上面代码中，使用 sqlite3.connect() 方法连接 SQLite 数据库文件 mrsoft.db，由于 mrsoft.db 文件并不存在，所以会在本实例 Python 代码同级目录下自动创建，该文件包含了 user 表的相关信息。mrsoft.db 文件所在目录如图 14.2 所示。

图 14.2　mrsoft.db 文件所在目录

说明

再次运行实例 14.1 时，会提示错误信息：sqlite3.OperationalError:table user already exists。
这是因为 user 表已经存在。

14.2.2 操作 SQLite

视频讲解：资源包\Video\14\14.2.2　操作SQLite.mp4

14.2.2.1 新增用户数据信息

向数据表中新增数据可以使用 SQL 中的 insert 语句，语法如下：

```
insert into 表名(字段名1,字段名2,…,字段名n)  values (字段值1,字段值2,…,字段值n)
```

在实例 14.1 创建的 user 表中有 2 个字段，字段名分别为 id 和 name，而字段值需要根据字段的数据类型来赋值，如 id 是一个长度为 10 的整型数据，name 是长度为 20 的字符串型数据。向 user 表中插入 3 条用户信息记录，SQL 语句如下：

```
01  cursor.execute('insert into user (id, name) values ("1", "MRSOFT")')
02  cursor.execute('insert into user (id, name) values ("2", "Andy")')
03  cursor.execute('insert into user (id, name) values ("3", "明日科技小助手")')
```

下面通过一个实例介绍向 SQLite 数据库中插入数据的流程。

实例 14.2　新增用户数据信息　　　　实例位置：资源包\Code\14\02

由于在实例 14.1 中已经创建了 user 表，所以本实例可以直接操作 user 表，向 user 表中插入 3 条用户信息。此外，由于是新增数据，需要使用 commit() 方法提交事务。因为对于增加、修改和删除操作，使用 commit() 方法提交事务后，如果相应操作失败，可以使用 rollback() 方法回滚到操作之前的状态。新增用户数据信息具体代码如下：

```
01  import sqlite3
02  # 连接到SQLite数据库
03  # 数据库文件是mrsoft.db
04  # 如果文件不存在，会自动在当前目录创建
05  conn = sqlite3.connect('mrsoft.db')                          向 user 表插入数据
06  # 创建一个Cursor
07  cursor = conn.cursor()
08  # 执行一条SQL语句，插入一条记录
09  cursor.execute('insert into user (id, name) values ("1", "MRSOFT")')
10  cursor.execute('insert into user (id, name) values ("2", "Andy")')
11  cursor.execute('insert into user (id, name) values ("3", "明日科技小助手")')
12  # 关闭游标
13  cursor.close()
14  # 提交事务          提交事务
15  conn.commit()
16  # 关闭Connection
17  conn.close()
```

运行该实例，会向 user 表中插入 3 条记录。为验证程序是否正常运行，可以再次运行，如果提示如下信息，说明插入成功（因为 user 表中已经保存了上一次插入的记录，所以再次插入会报错）。

```
sqlite3.IntegrityError: UNIQUE constraint failed: user.id
```

14.2.2.2　查看用户数据信息

查找数据表中的数据可以使用 SQL 中的 select 语句，语法如下：

```
select  字段名1,字段名2,字段名3,… from 表名  where  查询条件
```

查看用户信息的代码与插入数据信息大致相同，只不过使用的 SQL 语句不同。此外，查询数据时通常使用如下 3 种方式：

- ☑　fetchone()：获取查询结果集中的下一条记录。
- ☑　fetchmany(size)：获取指定数量的记录。
- ☑　fetchall()：获取结果集的所有记录。

下面通过一个实例来查看这 3 种查询方式的区别。

实例 14.3　使用 3 种方式查询用户数据信息　　实例位置：资源包\Code\14\03

分别使用 fetchone、fetchmany 和 fetchall 这 3 种方式查询用户信息，具体代码如下：

```
01  import sqlite3
02  # 连接到SQLite数据库,数据库文件是mrsoft.db
03  conn = sqlite3.connect('mrsoft.db')
04  # 创建一个Cursor
05  cursor = conn.cursor()
06  # 执行查询语句
07  cursor.execute('select * from user')
08  # 获取查询结果
09  result1 = cursor.fetchone()          ─── 获取查询结果的语句块
10  print(result1)
11  # 关闭游标
12  cursor.close()
13  # 关闭Connection
14  conn.close()
```

使用 fetchone() 方法返回的 result1 为一个元组，运行结果如下：

```
(1,'MRSOFT')
```

（1）修改实例 14.3 的代码，将获取查询结果的语句块代码修改为：

```
01  result2 = cursor.fetchmany(2) # 使用fetchmany方法查询多条数据
02  print(result2)
```

使用 fetchmany() 方法传递一个参数，其值为 2，默认为 1。返回的 result2 为一个列表，列表中包含 2 个元组，运行结果如下：

```
[(1,'MRSOFT'),(2,'Andy')]
```

（2）修改实例 14.3 的代码，将获取查询结果的语句块代码修改为：

```
01  result3 = cursor.fetchall() # 使用fetchmany方法查询多条数据
02  print(result3)
```

使用 fetchall() 方法返回的 result3 为一个列表，列表中包含所有 user 表中数据组成的元组，运行结果如下：

```
[(1,'MRSOFT'),(2,'Andy'),(3,'明日科技')]
```

（3）修改实例 14.3 的代码，将获取查询结果的语句块代码修改为：

```
01    cursor.execute('select * from user where id > ?',(1,))
02    result3 = cursor.fetchall()
03    print(result3)
```

在 select 查询语句中，使用问号作为占位符代替具体的数值，然后使用一个元组来替换问号（注意，不要忽略元组中最后的逗号）。上述查询语句等价于：

```
cursor.execute('select * from user where id > 1')
```

运行结果如下：

```
[(2,'Andy'),(3,'明日科技')]
```

说明

使用占位符的方式可以避免 SQL 注入的风险，推荐使用这种方式。

14.2.2.3 修改用户数据信息

修改数据表中的数据可以使用 SQL 中的 update 语句，语法如下：

```
update  表名  set 字段名 = 字段值  where 查询条件
```

下面通过一个实例来讲解如何修改 user 表中的用户信息。

实例 14.4 修改用户数据信息　　　　实例位置：资源包\Code\14\04

将 SQLite 数据库 user 表中 ID 为 1 的数据 name 字段值 "MRSOFT" 修改为 "MR"，并使用 fetchall() 方法获取修改后表中的所有数据。具体代码如下：

```
01    import sqlite3
02    # 连接到SQLite数据库,数据库文件是mrsoft.db
03    conn = sqlite3.connect('mrsoft.db')
04    # 创建一个Cursor
05    cursor = conn.cursor()
06    cursor.execute('update user set name = ? where id = ?',('MR',1))
07    cursor.execute('select * from user')
08    result = cursor.fetchall()
09    print(result)
10    # 关闭游标
11    cursor.close()
12    # 提交事务
13    conn.commit()
14    # 关闭Connection:
15    conn.close()
```

运行结果如下：

```
[(1, 'MR'), (2, 'Andy'), (3, '明日科技小助手')]
```

14.2.2.4 删除用户数据信息

删除数据表中的数据可以使用 SQL 中的 delete 语句，语法如下：

```
delete from 表名  where 查询条件
```

下面通过一个实例来讲解如何删除 user 表中指定用户的信息。

实例 14.5 删除用户数据信息 | **实例位置：资源包\Code\14\05**

将 SQLite 数据库 user 表中 ID 为 1 的数据删除，并使用 fetchAll 获取表中的所有数据，查看删除后的结果。具体代码如下：

```python
01  import sqlite3
02  # 连接到SQLite数据库,数据库文件是mrsoft.db
03  conn = sqlite3.connect('mrsoft.db')
04  # 创建一个Cursor
05  cursor = conn.cursor()
06  # 删除ID为1的用户
07  cursor.execute('delete from user where id = ?',(1,))
08  # 获取所有用户信息
09  cursor.execute('select * from user')
10  # 记录查询结果
11  result = cursor.fetchall()
12  print(result)
13  # 关闭游标
14  cursor.close()
15  # 提交事务
16  conn.commit()
17  # 关闭Connection:
18  conn.close()
```

执行上述代码后，user 表中 ID 为 1 的数据将被删除。运行结果如下：

```
[(2, 'Andy'), (3, '明日科技小助手')]
```

14.3 使用 MySQL 数据库

MySQL 数据库是 Oracle 公司所属的一款开源数据库软件，由于其免费特性得到了全世界用户的喜爱，本节将首先对 MySQL 数据库的下载、安装、配置进行介绍，然后讲解如何使用 Python 操作 MySQL 数据库。

14.3.1 下载安装 MySQL

 视频讲解：资源包\Video\14\14.3.1 下载安装MySQL.mp4

本节将主要对 MySQL 数据库的下载、安装、配置、启动及管理进行讲解。

14.3.1.1 下载 MySQL

MySQL 数据库最新版本是 8.0 版，另外比较常用的还有 5.7 版本，本节将以 MySQL 8.0 为例讲解其下载过程。

（1）在浏览器的地址栏中输入地址"https://dev.mysql.com/downloads/windows/installer/8.0.html"，并按下〈Enter〉键，将进入到当前最新版本 MySQL 8.0 的下载页面，选择离线安装包，如图 14.3 所示。

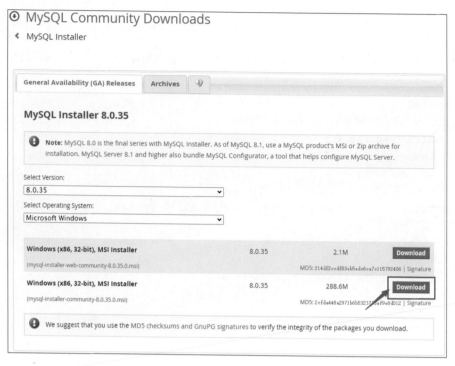

图 14.3 下载 MySQL 页面

如果想要使用 MySQL 5.7 版本，可以访问网址 https://dev.mysql.com/downloads/windows/installer/5.7.html 进行下载。

说明

（2）单击"Download"按钮下载，进入开始下载页面，如果有MySQL的账户，可以单击Login按钮，登录账户后下载，如果没有，可以直接单击下方的"No thanks, just start my download."超链接，跳过注册步骤直接下载，如图14.4所示。

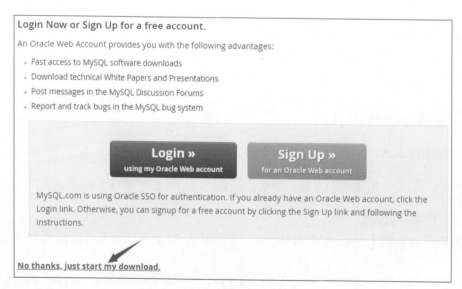

图 14.4 不注册直接下载 MySQL

14.3.1.2 安装 MySQL

下载完成以后，开始安装 MySQL。双击安装文件，在打开的窗口界面中勾选"I accept the license terms"，单击"Next"按钮，进入选择安装类型界面。有4种安装类型，说明如下：

☑ Server only：仅安装 MySQL 服务器，适用于部署 MySQL 服务器。

☑ Client only：仅安装客户端，适用于基于已存在的 MySQL 服务器进行 MySQL 应用开发的情况。

☑ Full：安装 MySQL 所有可用组件。

☑ Custom：自定义需要安装的组件。

MySQL 会默认选择"Server only"类型，这表示只安装 MySQL 服务器，这里保持默认选择，如图 14.5所示，此后一直保持默认选择进行安装。

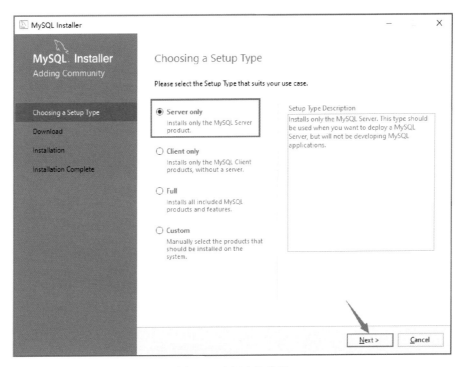

图 14.5　选择安装类型

14.3.1.3 设置环境变量

安装完成以后，默认的安装路径是"C:\Program Files\MySQL\MySQL Server 8.0\bin"。下面设置环境变量，以便在任意目录下使用 MySQL 命令，这里以 Windows 7系列为例进行介绍。右键单击"此电脑"→选择"属性"→选择"高级系统设置"→选择"环境变量"→双击"PATH"，在弹出的"编辑环境变量"对话框中，单击"新建"按钮，然后将"C:\Program Files\MySQL\MySQL Server 8.0\bin"写入变量值中，如图14.6所示。

14.3.1.4 启动 MySQL

使用 MySQL 数据库前，需要先启动 MySQL。在命令提示符窗口中，输入命令"net start mysql80"，来启动 MySQL 8.0。启动成功后，使用账户和密码进入 MySQL。输入命令"mysql-u root-p"，按下回车键，提示"Enter password:"，输入安装 MySQL 时设置的密码，这里输入"admin"，即可进入 MySQL，如图14.7所示。

图 14.6 设置环境变量

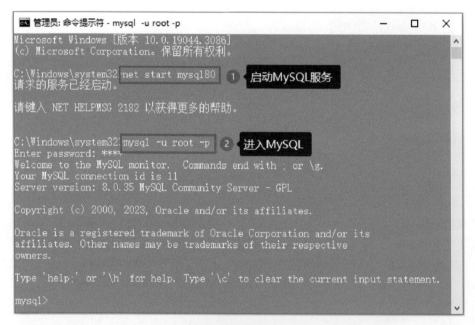

图 14.7 启动 MySQL

14.3.1.5 使用 Navicat for MySQL 管理软件

在命令提示符下操作 MySQL 数据库的方式对初学者并不友好，而且需要用户有专业的 SQL 知识，所以各种 MySQL 图形化管理工具应运而生，其中 Navicat for MySQL 就是一个广受好评的桌面版 MySQL 数据库管理和开发工具，它可以让用户使用和管理 MySQL 数据库更为轻松。

Navicat for MySQL 是一个收费的数据库管理软件，官方提供了免费试用版，可以试用
14 天，到期后如果要继续使用，需要从官方购买。

说明

首先下载、安装 Navicat for MySQL，安装完之后打开，新建 MySQL 连接，如图 14.8 所示。

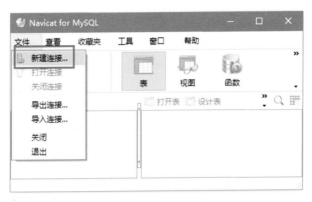

图 14.8　新建 MySQL 连接

弹出"新建连接"对话框，在该对话框中输入连接信息。输入连接名，这里输入"mr"；输入主机名
或 IP 地址："localhost"或"127.0.0.1"；输入 MySQL 数据库的登录密码，这里为"admin"，如图 14.9 所示。

图 14.9　输入连接信息

单击"确定"按钮，创建完成。此时，双击新建的数据连接名"mr"，即可查看该连接下的数据库，
如图 14.10 所示。

图 14.10　查看连接名下的已有数据库

下面使用Navicat创建一个名为"mrsoft"的数据库，步骤为：右键单击"mr"→选择"新建数据库"→输入数据库信息，如图14.11所示。

图 14.11 创建数据库

14.3.2 安装 PyMySQL 模块

📹 视频讲解：资源包\Video\14\14.3.2 安装PyMySQL模块.mp4

由于MySQL服务器以独立的进程运行，并通过网络对外服务，所以，需要支持Python的MySQL驱动来连接到MySQL服务器。在Python中支持MySQL数据库的模块有很多，这里选择使用PyMySQL。

PyMySQL的安装比较简单，使用管理员身份打开系统的命令提示符窗口，然后输入如下命令：

```
pip install PyMySQL
```

按下回车键，效果如图 14.12 所示。

图 14.12 安装 PyMySQL 模块

14.3.3 连接数据库

📹 视频讲解：资源包\Video\14\14.3.3 连接数据库.mp4

使用数据库的第一步是连接数据库，接下来使用PyMySQL模块连接MySQL数据库。由于PyMySQL

也遵循 Python Database API 2.0 规范，所以操作 MySQL 数据库的方式与 SQLite 相似。

实例 14.6　使用 PyMySQL 连接数据库 | 实例位置：资源包\Code\14\06

前面已经创建了一个 MySQL 数据库"mrsoft"，并且在安装数据库时设置了数据库的用户名"root"和密码"root"。下面通过以上信息，使用 connect() 方法连接 MySQL 数据库。具体代码如下：

```
01  import pymysql
02  # 打开数据库连接,参数1:主机名或IP；参数2:用户名；参数3:密码；参数4:数据库名称
03  db = pymysql.connect(host="localhost",user="root",password="root",database="mrsoft")
04  # 使用 cursor() 方法创建一个游标对象 cursor
05  cursor = db.cursor()
06  # 使用 execute() 方法执行 SQL 查询
07  cursor.execute("SELECT VERSION()")
08  # 使用 fetchone() 方法获取单条数据
09  data = cursor.fetchone()
10  print ("Database version : %s " % data)
11  # 关闭数据库连接
12  db.close()
```

上述代码中，首先使用 connect() 方法连接数据库，并使用 cursor() 方法创建游标；然后使用 excute() 方法执行 SQL 语句查看 MySQL 数据库的版本，并使用 fetchone() 方法获取数据；最后使用 close() 方法关闭数据库连接。运行结果如下：

```
Database version : 8.0.19
```

14.3.4　创建数据表

视频讲解

视频讲解：资源包\Video\14\14.3.4　创建数据表.mp4

数据库连接成功以后，我们就可以为数据库创建数据表了。下面通过 execute() 方法来为数据库创建 books 表。

实例 14.7　创建 books 表 | 实例位置：资源包\Code\14\07

books 表包含 id（主键）、name（图书名称）、category（图书分类）、price（图书价格）和 publish_time（出版时间）共 5 个字段。创建 books 表的 SQL 语句如下：

```
01  CREATE TABLE books (
02    id int(8) NOT NULL AUTO_INCREMENT,
03    name varchar(50) NOT NULL,
04    category varchar(50) NOT NULL,
05    price decimal(10,2) DEFAULT NULL,
06    publish_time date DEFAULT NULL,
07    PRIMARY KEY (id)
08  ) ENGINE=MyISAM AUTO_INCREMENT=1 DEFAULT CHARSET=utf8;
```

在创建数据表前，使用如下语句检测是否已经存在该数据表：

```
DROP TABLE IF EXISTS 'books';
```

如果 mrsoft 数据库中已经存在 books 表，那么先删除 books 表，然后再创建 books 数据表。具体代码如下：

```
01  import pymysql
02  # 打开数据库连接
03  db = pymysql.connect(host="localhost",user="root",password="root",database="mrsoft")
04  # 使用 cursor() 方法创建一个游标对象 cursor
05  cursor = db.cursor()
06  # 使用 execute() 方法执行 SQL，如果表存在则删除
07  cursor.execute("DROP TABLE IF EXISTS books")
08  # 使用预处理语句创建表
09  sql = """
10  CREATE TABLE books (
11    id int(8) NOT NULL AUTO_INCREMENT,
12    name varchar(50) NOT NULL,
13    category varchar(50) NOT NULL,
14    price decimal(10,2) DEFAULT NULL,
15    publish_time date DEFAULT NULL,
16    PRIMARY KEY (id)
17  ) ENGINE=MyISAM AUTO_INCREMENT=1 DEFAULT CHARSET=utf8;
18  """
19  # 执行SQL语句
20  cursor.execute(sql)
21  # 关闭数据库连接
22  db.close()
```

运行上述代码后，mrsoft数据库中即可创建出一个books表。打开Navicat（如果已经打开，请按下<F5>键刷新），发现mrsoft数据库下多了一个books表，右键单击books，选择"设计表"，效果如图14.13所示。

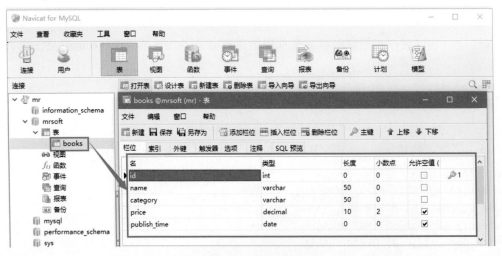

图 14.13 设计 books 表

14.3.5 操作 MySQL 数据表

▶ 视频讲解：资源包\Video\14\14.3.5 操作MySQL数据表.mp4

　　MySQL 数据表的操作主要包括对数据的增删改查，与操作SQLite类似，这里通过一个实例讲解如何向books表中新增数据。

实例 14.8 批量添加图书数据 | 实例位置：资源包\Code\14\08

在向books表中插入图书数据时，可以使用excute()方法一次添加一条记录，也可以使用executemany()方法批量添加多条记录，executemany()方法语法如下：

```
executemany(operation, seq_of_params)
```

☑ operation：操作的 SQL 语句。

☑ seq_of_params：参数序列。

使用 executemany() 方法批量添加多条记录的具体代码如下：

```python
01  import pymysql
02  # 打开数据库连接
03  db = pymysql.connect(
04      host="localhost",user="root",password="root",database="mrsoft",charset="utf8")
05  # 使用cursor()方法获取操作游标
06  cursor = db.cursor()
07  # 数据列表
08  data = [("零基础学Python（升级版）", 'Python', 99.00, '2024-1-10'),
        ("零基础学C语言（升级版）", 'C语言', 99.00, '2024-1-10'),
        ("零基础学PyQt", 'Python', 99.00, '2024-1-10'),
        ("零基础学Python数据分析", 'Python', 99.00, '2024-1-10'),
        ("零基础学Python网络爬虫", 'Python', 99.00, '2024-1-10'),
        ]
09  try:
10      # 执行SQL语句，插入多条数据
11      cursor.executemany("insert into books(name, category, price, publish_time) values
    (%s,%s,%s,%s)", data)
12      # 提交数据
13      db.commit()
14  except:
15      # 发生错误时回滚
16      db.rollback()
17  # 关闭数据库连接
18  db.close()
```

上面的代码中，需要注意以下几点：

☑ 使用 connect() 方法连接数据库时，额外设置 charset=utf-8，可以防止插入中文时出现乱码。

☑ 在使用 insert 语句插入数据时，使用 %s 作为占位符，可以防止 SQL 注入。

运行程序，然后在 Navicat 中查看 books 表中数据，如图 14.14 所示。

id	name	category	price	publish_time
1	零基础学Python（升级版）	Python	99	2024-01-10
2	零基础学C语言（升级版）	C语言	99	2024-01-10
3	零基础学PyQt	Python	99	2024-01-10
4	零基础学Python数据分析	Python	99	2024-01-10
5	零基础学Python网络爬虫	Python	99	2024-01-10

图 14.14 插入 books 表中的数据

14.4 在 tkinter 中操作 MySQL 中的数据

tkinter 中没有专门的组件直接实现数据的可视化，但是可以通过 Treeview 组件实现将数据信息显示在表格中，比如在需要显示车票信息、薪资收入、进销存报表、学生成绩等类似的数据时，通常都采用表格来显示，例如，在 12306 网站中显示火车票信息时就使用了表格，如图 14.15 所示。

车次	出发站 到达站	出发时间▲ 到达时间▼	历时	商务座 特等座	一等座	二等座	高级 软卧	软卧 一等卧	动卧	硬卧 二等卧	软座	硬座	无座	其他	备注
G101	北京南 上海虹桥	06:43 12:40	05:57 当日到达	无	有	有	--	--	--	--	--	--	--	--	预订
G5	北京南 上海	07:00 11:40	04:40 当日到达	无	有	有	--	--	--	--	--	--	--	--	预订
G105	北京南 上海虹桥	07:20 13:08	05:48 当日到达	5	有	有	--	--	--	--	--	--	--	--	预订
G143	北京南 上海虹桥	07:50 13:12	05:22 当日到达	5	无	有	--	--	--	--	--	--	--	--	预订
G107	北京南 上海虹桥	08:05 13:46	05:41 当日到达	13	有	有	--	--	--	--	--	--	--	--	预订
G111	北京南 上海虹桥	08:35 14:22	05:47 当日到达	无	有	有	--	--	--	--	--	--	--	--	预订
G113	北京南 上海虹桥	08:50 14:33	05:43 当日到达	无	有	有	--	--	--	--	--	--	--	--	预订

图 14.15 12306 网站中用表格显示火车票信息

本节将详细讲解使用 tkinter 模块中的 Treeview 组件对 MySQL 中的数据进行可视化操作。

14.4.1 在窗口中显示 MySQL 数据

▶ 视频讲解：资源包\Video\14\14.4.1 在窗口中显示 MySQL 数据.mp4

视频讲解

在 tkinter 窗口中显示查看数据，需要将获取的数据通过 Treeview 组件以表格的形式显示出来，而向表格中添加数据主要使用 insert() 方法，下面通过一个实例演示具体方法。

实例 14.9 使用表格显示 MySQL 数据	实例位置：资源包\Code\14\09

创建一个 .py 文件，然后在该文件中导入 tkinter、tkinter.ttk 及 pymysql 模块，然后查询 books 表中的所有数据，并且将查询的结果逐条添加到 Treeview 组件中。具体代码如下：

```
01  from tkinter import *
02  from tkinter.ttk import *
03  import pymysql
04  # 打开数据库连接,参数1:主机名或IP; 参数2: 用户名; 参数3: 密码; 参数4: 数据库名称
05  db = pymysql.connect(host="localhost",user="root",password="root",database="mrsoft")
06  # 使用 cursor() 方法创建一个游标对象 cursor
07  cursor = db.cursor()
08  # 使用 execute()  方法执行 SQL 查询
09  cursor.execute("SELECT * FROM books")
10  # 使用 fetchone() 方法获取所有数据
11  data = cursor.fetchall()
12  row=cursor.rowcount        #获取数据系数
13  win=Tk()
14  win.title("查看图书数据信息")
15  tree=Treeview(win,columns=("num","name","category","price","publish_time"),show="headings")
16  tree.pack()
17  tree.heading("num",text="序列")            #设置表格标题
18  tree.heading("name",text="书名")
```

```
19  tree.heading("category",text="系列")
20  tree.heading("price",text="价格")
21  tree.heading("publish_time",text="出版时间")
22  for i in range(row):                          # 遍历数据
23      tree.insert("",END,values=data[i])        # 将获取的数据显示在表格中
24  db.close()                                    # 关闭数据库连接
25  win.mainloop()
```

其运行结果如图14.16所示。

图14.16　使用表格显示 MySQL 数据

14.4.2　在窗口中增加用户数据

📹 视频讲解：资源包\Video\14\14.4.2　在窗口中增加用户数据.mp4

本节将通过一个实例演示如何在 tkinter 中向 MySQL 中增加数据。

实例 14.10　在窗口中使用表格添加 MySQL 数据	实例位置：资源包\Code\14\10

（1）创建一个.py 文件，在该文件中导入 tkinter、tkinter.ttk 及 pymysql 模块，然后添加一个表格，用于显示 MySQL 中的数据，并且添加一个文本框用于向 MySQL 中增加数据信息。具体代码如下：

```
01  from tkinter import *
02  from tkinter.ttk import *
03  from tkinter.messagebox import *
04  import pymysql
05  win = Tk()
06  win.title("添加图书数据信息")
07  column_title=("num", "name", "category", "price", "publish_time")
08  column_heading=("序列","书名","系列","价格","出版时间")
09  entry_box=[]
10  for i in range(1,len(column_heading)):
11      Label(win,text=column_heading[i]).grid(row=0,column=(i*2-2))
12      entry=Entry(win)
13      entry.grid(row=0,column=(i*2-1))
14      entry_box.append(entry)
15  tree = Treeview(win, columns=column_title, show="headings", height=5)
16  tree.grid(row=1, column=0, columnspan=9)
17  for index in range(len(column_title)):
18      tree.heading(column_title[index],text=column_heading[index])
19      tree.column(column_title[index], width=160)
```

169

```
20  Button(win, text="添加", command=addInfo).grid(row=0, column=8)
21  showinfo1()
22  db.close()   # 关闭数据库连接
23  win.mainloop()
```

（2）编写addInfo()方法，实现向books表中增加数据，然后在addInfo()方法内部调用showInfo()方法，用于显示和更新表格中的数据。具体在步骤（1）的第4行代码下方添加如下代码：

```
01  # 打开数据库连接,参数1:主机名或IP；参数2:用户名；参数3:密码；参数4:数据库名称
02  db = pymysql.connect(host="localhost",user="root",password="root",database="mrsoft")
03  # 使用 cursor() 方法创建一个游标对象 cursor
04  cursor = db.cursor()
05  def addInfo():
06      db.ping(reconnect=True)   # 如果数据库断开连接就重新进行连接
07      entry_text=[]
08      # print(data[0][3])
09      for i in entry_box:
10          if i.get()=="":         #有文本框的内容为空
11              showerror("错误","请完善信息")
12              return False
13          else:
14              entry_text.append(i.get())
15      #向MySQL中增加数据
16      cursor.execute("insert into books(name, category, price, publish_time) values
    (%s,%s,%s,%s)", entry_text)
17      for i in entry_box:              #清空文本框中的内容
18          i.delete(0,END)
19      entry_text = []
20      showinfo1()                     #更新表格
21  def showinfo1():
22      cursor.execute('SELECT * FROM books')      # 先获取所有数据
23      data = cursor.fetchall()
24      row = cursor.rowcount                       # 获取数据条数
25      item_num = len(tree.get_children())
26      if item_num > 0:                            # 清空上一次显示的数据信息
27          for item in tree.get_children():
28              tree.delete(item)
29      for i in range(row):                        # 遍历数据
30          tree.insert("", END, values=data[i])    # 将获取的数据显示在表格中
```

完成代码编写后，运行本实例，可看到初始效果如图14.17所示。在上面文本框中添加内容，然后单击"添加"按钮可看到新编写的数据被写入MySQL中，并且表格中的数据也已更新，如图14.18所示。

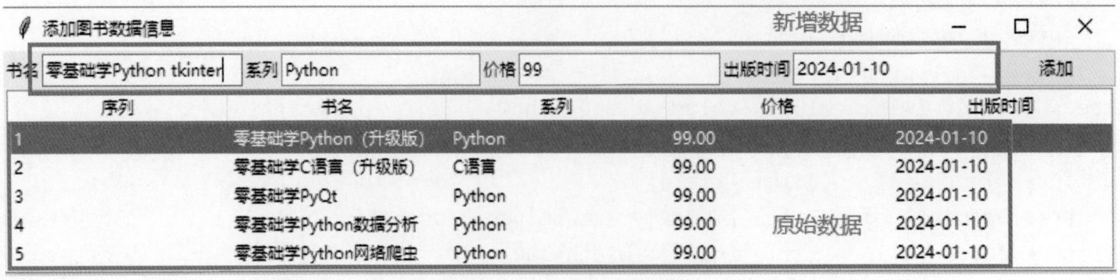

图14.17 初始运行效果

图 14.18　添加数据成功，更新表格中数据

14.4.3　在窗口中删除用户数据

▶ 视频讲解：资源包\Video\14\14.4.3　在窗口中删除用户数据.mp4

本节将通过一个实例演示如何在 tkinter 中删除 MySQL 中的数据。

实例 14.11　在窗口中删除指定 MySQL 数据　　　　**实例位置：资源包\Code\14\10**

创建一个 .py 文件，在该文件中导入 tkinter、tkinter.ttk 及 pymysql 模块，然后查询 books 表中的所有数据，并且将查询的结果显示在表格中，然后单击选中某一行，就可以删除数据，删除数据后，在窗口中更新数据。具体步骤如下：

（1）导入相关模块，然后在窗口中添加表格及表格标题，具体代码如下：

```
01  # 删除MySQL数据
02  from tkinter import *
03  from tkinter.ttk import *
04  from tkinter.messagebox import *
05  import pymysql
06  win=Tk()
07  win.title("查看图书数据信息")
08  tree=Treeview(win,columns=("num","name","category","price","publish_time"),show="headings",height=4)
09  tree.pack()
10  Button(win,text="删除",command=dele).pack()
11  tree.heading("num",text="序列")                    #设置表格标题
12  tree.heading("name",text="书名")
13  tree.heading("category",text="系列")
14  tree.heading("price",text="价格")
15  tree.heading("publish_time",text="出版时间")
16  showinfo()
17  win.mainloop()
```

（2）连接数据库，由于删除数据后，需要更新表格中的数据信息，所以在 showinfo() 方法中获取数据信息，然后判断表格中是否含有数据信息，有的话就全部删除，再重新添加，防止重复显示数据信息。具体在步骤（1）的第 5 行代码下方添加如下代码：

```
01  # 打开数据库连接,参数1:主机名或IP; 参数2: 用户名; 参数3: 密码; 参数4: 数据库名称
02  db = pymysql.connect(host="localhost",user="root",password="root",database="mrsoft")
03  # 使用 cursor() 方法创建一个游标对象 cursor
04  cursor = db.cursor()
05  def showinfo():
06      # 使用 execute()方法执行 SQL 查询
```

```
07      cursor.execute("SELECT * FROM books")
08      # 使用 fetchone() 方法获取所有数据
09      data = cursor.fetchall()
10      row = cursor.rowcount  # 获取数据条数
11      item_num=len(tree.get_children())
12      if item_num>0:
13          for item in tree.get_children():
14              tree.delete(item)
15      for i in range(row):  # 遍历数据
16          tree.insert("", END, values=data[i])  # 将获取的数据显示在表格中
```

（3）在 dele() 方法中实现删除数据。在该方法中，首先判断用户是否选中了所要删除的行，若没有则弹出错误提醒框，如果有选中的信息，则通过消息对话框提醒用户，数据删除后不可恢复，是否继续，若用户选择是，则删除所选中的数据，然后更新表格内容。具体在步骤（2）的第 3 行代码后添加如下代码：

```
01  def dele():
02      if tree.focus()=="":
03          showerror("错误","请选择要删除的数据")
04      else:
05          boo=askyesno("删除记录","删除后记录无法找回，确定要继续吗")
06          if boo:
07              db.ping(reconnect=True)  # 如果数据库断开连接就重新进行连接
08              a=tree.focus()        #获取已选中的行
09              id_num = tree.item(a)["values"][0]          #表格中的第一列，即数据库中的数据的ID
10              cursor.execute('DELETE FROM books WHERE id ='+str(id_num))
11              showinfo()
12              db.close()  # 关闭数据库连接
```

编写完代码后，运行本程序，初始效果如图 14.19 所示，然后选中某行，单击"删除"按钮，在弹出的对话框中选择"是"，然后可看到该数据被删除，效果如图 14.20 所示。

图 14.19 删除图书数据

图 14.20 删除后更新表格

14.4.4 在窗口中修改用户数据

📹 视频讲解：资源包\Video\14\14.4.4 在窗口中修改用户数据.mp4

本节将通过一个实例演示如何在 tkinter 窗口中修改 MySQL 中的数据，具体修改方法就是，双击表格中需要修改的内容，在表格上方的文本框中即可获取用户要修改的内容，然后在文本框中键入修改

后的值，单击"修改"按钮即可将数据在 MySQL 中进行修改，修改后表格更新数据内容。下面具体讲解。

实例 14.12　使用窗口修改 MySQL 数据　　　　实例位置：资源包\Code\14\12

创建一个 .py 文件，导入 tkinter、tkinter.ttk 及 pymysql 模块，然后创建一个窗口，在其中添加表格及文本框等组件，然后为表格添加双击事件，双击表格中的项目时，可以在文本框中显示修改的内容，具体代码如下：

```python
01  # 修改MySQL数据（未）
02  from tkinter import *
03  from tkinter.ttk import *
04  from tkinter.messagebox import *
05  import pymysql
06  win = Tk()
07  win.title("修改图书数据信息")
08  frame = Frame(width=100, relief="groove")  # 放置文本框
09  label = Label(frame, text="修改: ")
10  label.grid(row=0, column=0)
11  entry = Entry(frame)
12  entry.grid(row=0, column=1)
13  Button(frame, text="修改内容", command=modi).grid(row=0, column=2)
14  frame.grid(row=0, column=0)
15  tree = Treeview(win, columns=book_title, show="headings", height=5)
16  tree.grid(row=1, column=0, columnspan=9)
17  for it in range(len(book_heading)):
18      tree.heading(book_title[it], text=book_heading[it])
19      tree.column(book_title[it], width=120)
20  showinfo1()
21  tree.bind("<Double-Button-1>", add1)
22  win.mainloop()
```

（2）连接数据库，然后将数据信息显示在表格中，具体在步骤（1）的第 5 行代码后面添加如下代码：

```python
01  num = 0   # 当前被修改的行的ID（序列号）
02  x1 = ""   # 双击项目的行序列号
03  y1 = ""   # 双击项目的列序列号
04  val = ""  # 双击的单元格的值
05  iid = ""  # 双击项目的ID
06  book_title = ["ID", "name", "category", "price", "publish_time"]
07  book_heading = ["序列", "书名", "系列", "价格", "出版时间"]
08  # 打开数据库连接，参数1:主机名或IP；参数2: 用户名；参数3: 密码；参数4: 数据库名称
09  db = pymysql.connect(host="localhost",user="root",password="root",database="mrsoft")
10  # 使用 cursor() 方法创建一个游标对象 cursor
11  cursor = db.cursor()
12  def showinfo1():
13      # 使用 execute() 方法执行 SQL 查询
14      cursor.execute("SELECT * FROM books")
15      # 使用 fetchone() 方法获取所有数据
16      data = cursor.fetchall()
17      row = cursor.rowcount  # 获取数据参数
```

```
18      item_num = len(tree.get_children())
19      if item_num > 0:
20          for item in tree.get_children():
21              tree.delete(item)
22      for i in range(row):  # 遍历数据
23          tree.insert("", END, values=data[i])  # 将获取的数据显示在表格中
```

（3）添加modi()方法和add1()方法，其中add1()方法用于获取用户所双击的项目（即需要修改的数据）的相关信息；而modi()方法用于修改MySQL中的数据并将修改后的数据同步更新到表格。具体在步骤2的第12行代码前面添加如下代码：

```
01  def modi():
02      if (entry.get() == ""):
03          showerror("错误", "请添加完整信息")
04          return False
05      elif entry.get() == val:
06          showinfo("警告", "信息未修改")
07          return False
08      else:
09          info_id = tree.item(iid)["values"][0]              #要修改的数据的ID
10          info_it = book_title[int(y1.replace("#", "")) - 1]              #要修改的项
11          info_text = entry.get()                          #要修改的内容
12          cursor.execute('UPDATE books SET '+info_it+' =%s WHERE ID=%s',(info_text, info_id))
13          entry.delete(0, END)
14          showinfo1()              #更新表格中的数据
15  def add1(event):
16      global x1
17      global y1
18      global val
19      global iid
20      entry.delete(0, END)
21      it = event.widget  # 双击的项目
22      iid = it.identify("item", event.x, event.y)
23      x1 = it.identify("row", event.x, event.y)
24      y1 = it.identify("column", event.x, event.y)
25      val = it.item(iid)["values"][int(y1.replace("#", "")) - 1]
26      entry.insert(INSERT, val)
27      label.config(text=book_heading[int(y1.replace("#", "")) - 1] + ": ")
```

其运行结果如图14.21所示，在窗口中双击需要修改的项目，然后在文本框中输入修改后的内容，单击"修改"按钮即可修改表中的内容，如图14.22所示。

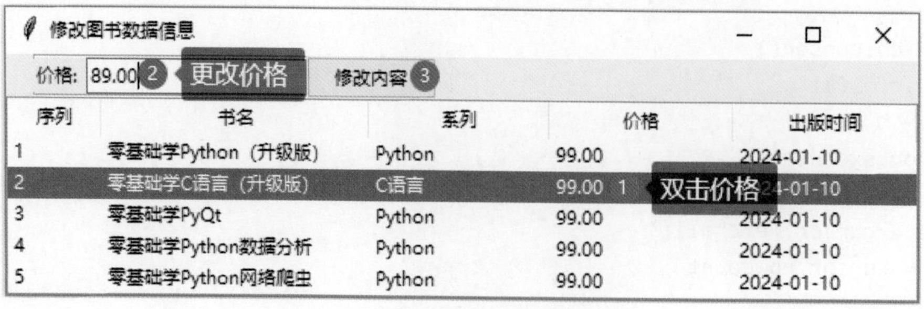

图14.21 修改前的MySQL数据内容

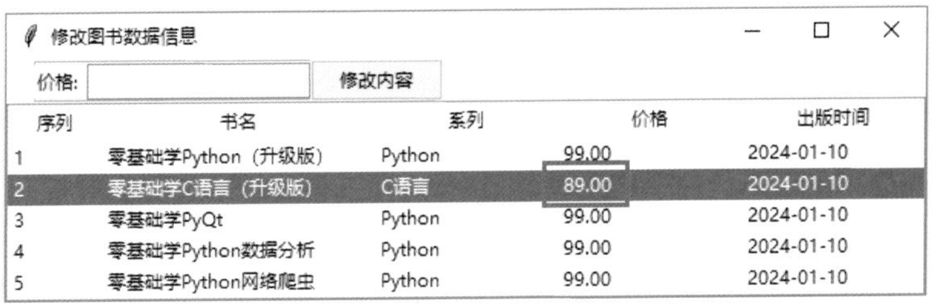

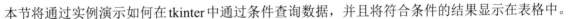

图 14.22 修改后的 MySQL 数据内容

14.4.5 在窗口中查询用户数据

视频讲解：资源包\Video\14\14.4.5 在表格中查询用户数据.mp4

本节将通过实例演示如何在 tkinter 中通过条件查询数据，并且将符合条件的结果显示在表格中。

实例 14.13 通过条件查询数据并将查询结果显示在表格中 　　实例位置：资源包\Code\14\13

创建一个 .py 文件，导入 tkinter、tkinter.ttk 及 pymysql 模块，在下拉选择框中选择按什么类型查找，在文本框中输入关键字，提交后在表格中显示具体的查询结果。具体步骤如下：

（1）在 .py 文件中导入相关模块。然后创建窗口，并且在窗口中添加下拉选择框、文本框及显示结果的表格等。具体代码如下：

```
01  # 查询MySQL数据
02  from tkinter import *
03  from tkinter.ttk import *
04  import pymysql
05  win = Tk()
06  win.title("查询图书数据信息")
07  val = StringVar()
08  val.set("系列")
09  cb = Combobox(win, textvariable=val, values=("书名", "价格", "系列", "出版时间"))
10  cb.grid(pady=5, row=0, column=0)
11  entry = Entry(win)
12  entry.grid(row=0, column=1)
13  label=Label(win,text="抱歉，没有找到你需要的信息",font=14)
14  Button(win, text="查询", command=checkInfo).grid(row=0, column=2)
15  tree = Treeview(win, columns=("num", "name", "category", "price", "publish_time"),
    show="headings", height=5)
16  tree.grid(row=2, column=0, columnspan=3)
17  tree.heading("num", text="序列")   # 设置表格标题
18  tree.column("num",width=40)
19  tree.heading("name", text="书名")
20  tree.heading("category", text="系列")
21  tree.column("category",width=60)
22  tree.heading("price", text="价格")
23  tree.column("price",width=60)
24  tree.heading("publish_time", text="出版时间")
25  tree.column("publish_time",width=120)
26  win.mainloop()
```

（2）连接数据库，创建游标等，先获取 books 表中所有内容，具体在步骤（1）的第 4 行下面添加如

下代码：

```
01  # 打开数据库连接,参数1:主机名或IP; 参数2: 用户名; 参数3: 密码; 参数4: 数据库名称
02  db = pymysql.connect(host="localhost",user="root",password="root",database="mrsoft")
03  # 使用 cursor() 方法创建一个游标对象 cursor
04  cursor = db.cursor()
05  db.ping(reconnect=True)   # 如果数据库断开连接就重新进行连接
06  # 使用 execute() 方法执行 SQL 查询
07  cursor.execute('SELECT * FROM books')   # 先获取所有数据
08  data = cursor.fetchall()
09  row = cursor.rowcount   # 获取数据条数
10  db.close()   # 关闭数据库连接
11  win = Tk()
12  win.title("删除图书数据信息")
13  val = StringVar()
14  val.set("系列")
15  cb = Combobox(win, textvariable=val, values=("书名", "价格", "系列", "出版时间"))
16  cb.grid(pady=5, row=0, column=0)
17  entry = Entry(win)
18  entry.grid(row=0, column=1)
19  label=Label(win,text="抱歉，没有找到你需要的信息",font=14)
20  Button(win, text="查询", command=checkInfo).grid(row=0, column=2)
21  tree = Treeview(win, columns=("num", "name", "category", "price", "publish_time"),
    show="headings", height=5)
22  tree.grid(row=2, column=0, columnspan=3)
23  tree.heading("num", text="序列")   # 设置表格标题
24  tree.heading("name", text="书名")
25  tree.heading("category", text="系列")
26  tree.heading("price", text="价格")
27  tree.heading("publish_time", text="出版时间")
28  win.mainloop()
```

（3）提交后，在 checkInfo() 方法中获取关键字，并且将用户选择的查找条件作为参数传递到 show info() 方法中，然后在 showinfo() 方法中，首先清除上一次的查询结果，然后将本次查询结果添加到表格中，如果表格中没有子项，说明没有符合条件的内容，此时在窗口中显示文本，提示用户没有符合条件的内容。具体在步骤（2）下方添加如下代码：

```
29  def checkInfo():
30      keyWords = {"书名": 1, "系列": 2, "价格": 3, "出版时间": 4}   # 字典形式存储各标题对应的
    数据表中的列的列号
31      getInfo = val.get()   # 列号
32      mess = entry.get()   # 关键字
33      showinfo(keyWords[getInfo], mess)
34
35  def showinfo(kw, value):
36      global label
37      label.destroy()                              # 销毁label组件
38      item_num = len(tree.get_children())
39      if item_num > 0:                             # 清空上一次查询内容
```

```
40          for item in tree.get_children():
41              tree.delete(item)
42      for i in range(row):  # 遍历数据        #将符合条件的数据添加到表中
43          if data[i][int(kw)] == value:
44              tree.insert("", END, values=data[i])  # 将获取的数据显示在表格中
45      if len(tree.get_children())==0:                   #没有查询到内容，给出文字提示
46          label = Label(win, text="抱歉，没有找到你需要的信息", font=14)
47          label.grid(row=1,column=0,columnspan=3)
```

编写完代码后，运行程序，在下拉列表中选择"系列"，然后在文本框中输入"Python"，单击"查询"按钮后得到查询结果，如图14.23所示。

图14.23　显示查询结果

本章 e 学码：关键知识点拓展阅读

SQL 注入	MySQL 图形化管理工具	数据操作的上下文	
（数据库）事务	treeview 组件	数据库游标对象	
（与数据库的）会话	回滚	数据库中的游标	e 学码
DML 操作	回滚事务	占位符	

第 15 章

文件操作

（ ▶ 视频讲解：2 小时 24 分钟）

在变量、序列和对象中存储的数据是暂时的，程序运行结束后就会丢失。为了能够长时间地保存程序中的数据，需要将程序中的数据保存到磁盘文件中。Python 中内置了对文件和文件夹进行操作的模块，tkinter 模块同样也提供了一些文件对话框用于对文件及文件夹进行操作。本章将具体讲解。

知识框架

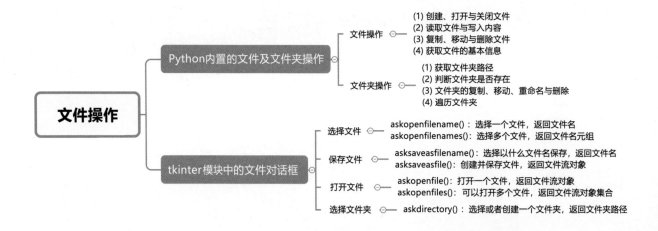

15.1 Python内置的文件及文件夹操作

Python内置了文件对象，但对文件夹进行操作，则需要使用os模块和os.path模块。另外，要实现文件和文件夹的复制、移动等操作，需要借用shutil模块。本节将分别对使用Python操作文件和文件夹的常见方法进行讲解。

15.1.1 文件操作

📹 视频讲解：资源包\Video\15\15.1.1 文件操作.mp4

在Python中，内置了文件（file）对象。在使用文件对象时，首先需要通过内置的open()方法创建一个文件对象，然后通过该对象提供的方法进行一些基本文件操作。例如，可以使用文件对象的write()方法向文件中写入内容，使用close()方法关闭文件等。下面将介绍如何使用Python的文件对象进行基本文件操作。

15.1.1.1 创建和打开文件

在Python中，想要操作文件需要先创建或者打开指定的文件并创建文件对象，这可以通过内置的open()方法实现。open()方法的语法格式如下：

```
file = open(filename[,mode[,buffering]])
```

参数说明：

☑ file：要创建的文件对象。

☑ filename：要创建或打开文件的文件名称，需要使用单引号或双引号引起来。如果要打开的文件和当前文件在同一个目录下，那么直接写文件名即可，否则需要指定完整路径。例如，要打开当前路径下的名称为status.txt的文件，可以使用"status.txt"。

☑ mode：可选参数，用于指定文件的打开模式，默认的打开模式为只读（即r），可选参数值及其说明如表15.1所示。

表 15.1 mode参数的参数值及其说明

参 数 值	说　　明	注　意
r	以只读模式打开文件。文件的指针将会放在文件的开头	文件必须存在
rb	以二进制格式打开文件，并且采用只读模式，文件的指针将会放在文件的开头。一般用于非文本文件，如图片、声音文件等	
r+	打开文件后，可以读取文件内容，也可以写入新的内容覆盖原有内容（从文件开头进行覆盖）	
rb+	以二进制格式打开文件，并且采用读写模式，文件的指针将会放在文件的开头。一般用于非文本文件，如图片、声音文件等	
w	以只写模式打开文件	文件存在，则将其覆盖，否则创建新文件
wb	以二进制格式打开文件，并且采用只写模式。一般用于非文本文件，如图片、声音文件等	
w+	打开文件后，先清空原有内容，使其变为一个空的文件，对这个空文件有读写权限	
wb+	以二进制格式打开文件，并且采用读写模式。一般用于非文本文件，如图片、声音文件等	

续表

参 数 值	说 明	注 意
a	以追加模式打开文件。如果该文件已经存在，文件指针将放在文件的末尾（即新内容会被写到已有内容之后），否则，创建新文件用于写入	
ab	以二进制格式打开文件，并且采用追加模式。如果该文件已经存在，文件指针将放在文件的末尾（即新内容会被写到已有内容之后），否则，创建新文件用于写入	
a+	以读写模式打开文件。如果该文件已经存在，文件指针将放在文件的末尾（即新内容会被写到已有内容之后），否则，创建新文件用于读写	
ab+	以二进制格式打开文件，并且采用追加模式。如果该文件已经存在，文件指针将放在文件的末尾（即新内容会被写到已有内容之后），否则，创建新文件用于读写	

☑ buffering：可选参数，用于指定读写文件的缓冲模式，值为0表示不缓存，值为1表示缓存。如果值大于1，则表示缓冲区的大小。默认为缓存模式。

默认情况下，使用open()方法打开一个不存在的文件，会显示如图15.1所示异常。

```
Traceback (most recent call last):
  File "I:/PythonDevelop/11/11.3.py", line 8, in <module>
    file=open("C:/test.txt",'r')
FileNotFoundError: [Errno 2] No such file or directory: 'C:/test.txt'
```

图15.1 打开的文件不存在时显示的异常

要解决图15.1所示错误，主要有以下两种方法。

☑ 在当前目录下（即与执行文件相同的目录）创建一个名称为test.txt的文件。

☑ 在调用open()方法时，指定mode的参数值为w、w+、a或a+。这样，当要打开的文件不存在时，就可以创建新的文件了。

例如，打开一个名称为test.txt的文件，如果不存在则创建，代码如下：

```
file = open('test.txt','w')
```

执行上面的代码，将会在 .py 文件的同级目录下创建一个名称为test.txt的文件，该文件没有任何内容，如图15.2所示。

图15.2 创建并打开文件

多学两招

在使用 open() 方法打开文件时，默认采用 GBK 编码。当被打开的文件不是 GBK 编码时，可能会显示异常。解决该问题的方法有两种，一种是直接修改文件的编码。另一种是在打开文件时，直接指定使用的编码方式。推荐采用后一种方法，在调用 open() 方法时，通过添加 encoding='utf-8' 参数即可实现将编码指定为 UTF-8。如果想要指定其他编码格式可以将单引号中的内容替换为想要指定的编码。例如，打开采用 UTF-8 编码保存的 notice.txt 文件，可以使用下面的代码：

```
file = open('notice.txt','r',encoding='utf-8')
```

15.1.1.2　关闭文件

打开文件后，需要及时关闭，以免对文件造成不必要的破坏。关闭文件可以使用文件对象的close()方法实现。close()方法的语法格式如下：

```
file.close()
```

其中，file表示打开的文件对象。

例如，关闭打开的file对象，代码如下：

```
file.close()                                    # 关闭文件对象
```

说明　使用 close() 方法时，会先刷新缓冲区中还没有写入的信息，然后再关闭文件，这样可以将没有写入文件的内容写入文件。在关闭文件后，便不能再进行写入操作了。

15.1.1.3　打开文件时使用with语句

打开文件并操作完成后，要及时将其关闭。如果忘记关闭可能会带来意想不到的问题。另外，如果在打开文件时显示了异常，那么将导致文件不能被及时关闭。为了更好地避免此类问题发生，可以使用Python中提供的with语句，从而实现在处理文件时，无论是否显示异常，都能保证with语句执行完毕后关闭已经打开的文件。with语句的语法格式如下：

```
with expression as target:
    with-body
```

参数说明：

☑ expression：用于指定一个表达式，这里可以是打开文件的open()方法。

☑ target：用于指定一个变量，并且将expression的结果保存到该变量中。

☑ with-body：用于指定with语句体，其中可以是执行with语句后相关的一些操作语句。如果不想执行任何语句，可以使用pass语句代替。

例如，在打开文件时使用with语句打开message.txt文件，代码如下：

```
01  with open('message.txt','w') as file:      # 使用with语句打开文件
02      pass
```

15.1.1.4　写入文件内容

Python的文件对象提供了write()方法，可以向文件中写入内容。write()方法的语法格式如下：

```
file.write(string)
```

其中，file表示打开的文件对象；string表示要写入的字符串。

注意　调用 write() 方法向文件中写入内容的前提是，打开文件时指定的打开模式为 w（可写）或者 a（追加），否则，将显示如图 15.3 所示异常。

```
J:\PythonDevelop\venv\Scripts\python.exe J:/PythonDevelop/11/11.1.py
Traceback (most recent call last):
  File "J:/PythonDevelop/11/11.1.py", line 10, in <module>
    file.write("我不是一个伟大的程序员，我只是一个具有良好习惯的优秀程序员。\n")
io.UnsupportedOperation: not writable
```

图15.3　没有写入权限时显示的异常

实例15.1　向文件中写入文本内容　　　　　　　实例位置：资源包\Code\15\01

使用open()方法以写方式打开一个文件（如果文件不存在，则自动创建），然后调用write()方法向该文件中写入一条信息，最后调用close()方法关闭文件。具体代码如下：

```
01  file=open("test.txt","w",encoding='utf-8')      # 创建并打开文件
02  print("文本文件已创建完成，请添加内容：\n")            # 显示提示语句
03  a=input()                                        # 输入内容
04  file.write(a)                                    # 将输入内容写入文本文件
05  file.close()                                     # 关闭文件
06  print("\n添加文本内容成功，请手动查看")               # 写入内容成功，显示提示信息
```

运行程序，然后按照提示输入一段文本，按下回车键，如图15.4所示。当提示添加文本内容成功时，可以看到.py文件所在的目录下有一个test.txt文件，打开该文件，可看到内容如图15.5所示。

图15.4 运行程序创建并添加文件内容

图15.5 查看创建的文本文件

注意

在写入文件后，一定要调用 close() 方法关闭文件，否则写入的内容不会保存到文件中。这是因为在写入文件内容时，操作系统不会立刻把数据写入磁盘，而是先缓存起来，只有调用 close() 方法时，操作系统才会把没有写入的数据全部写入磁盘。

多学两招

（1）向文件中写入内容时，如果打开文件采用 w（写入）模式，则先清空原文件的内容，再写入新的内容；如果打开文件采用 a（追加）模式，则不覆盖原有文件的内容，只是在文件的结尾处增加新的内容。

例如在实例 15.1 所创建的文件中继续添加新留言，代码如下：

```
01  file=open("test.txt","a",encoding='utf-8')       # 向原有文件中追加内容
02  file.write("\n不是看一个人有多少，而是看他能给你多少；不是看一个人有多好，而是看他对你有多好")
03  # 将输入内容写入文本文件
04  file.close()
```

运行代码后，再次查看 test.txt 文件，效果如图 15.6 所示。

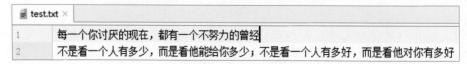

图15.6 向原有文件新增内容

（2）除了 write() 方法，Python 的文件对象还提供了 writelines() 方法，可以实现把字符串列表写入文件，但是不添加换行符。

15.1.1.5　读取文件

在 Python 中打开文件后，除了可以向其写入或追加内容，还可以读取文件中的内容。读取文件内容主要分为以下三种情况：

　　☑　读取指定字符

文件对象提供了 read() 方法读取指定个数的字符，其语法格式如下：

```
file.read([size])
```

其中，file 表示打开的文件对象；size 为可选参数，用于指定要读取的字符个数，如果省略，则一次性读取所有内容。

　　☑　读取一行

在使用 read() 方法读取文件时，如果文件很大，将一次读取全部内容到内存，容易造成内存不足，所以通常会采用逐行读取。文件对象提供了 readline() 方法用于每次读取一行数据。readline() 方法的语法格式如下：

```
file.readline()
```

其中，file 表示打开的文件对象。

　　☑　读取所有行

读取全部行的作用同调用 read() 方法时不指定 size 参数类似，只不过读取全部行时返回的是一个字符串列表，每个元素为文件的一行内容。读取全部行使用的是文件对象的 readlines() 方法，其语法格式如下：

```
file.readlines()
```

其中，file 表示打开的文件对象。

注意　　在读取文件内容时，需要指定文件的打开模式为 r（只读）或者 r+（读写）。

实例15.2　读取文本文件内容　　　　　实例位置：资源包\Code\15\02

实现以只读模式打开一个文本文档。具体代码如下：

```
01  with open('test.txt', 'r') as file:      # 以只读模式打开文件
02      print(file.readlines())               # 读取全部数据
```

程序运行效果如图15.7所示。

```
D:\soft\python\tkinter从入门到实践\venv\Scripts\python.exe D:/soft/python/临时项目/02/py.py
['每一个你讨厌的现在，都有一个不努力的曾经\n', '每发怒一分钟，便失去幸福60秒\n', '不怕神一样的对手，就怕猪一样的队友']

Process finished with exit code 0
```

图15.7　读取文本文件的内容

多学两招　使用 read() 方法读取文件时，是从文件的开头读取的。如果想要读取部分内容，可以先使用文件对象的 seek() 方法将文件的指针移动到新的位置，然后再使用 read() 方法读取。seek() 方法的语法格式如下：

```
file.seek(offset[,whence])
```

其中，offset 用于指定移动的字符个数（offset 的值是按一个汉字占两个字符、英文和数字占一个字符计算的），其具体位置与 whence 有关（whence 值为 0 时，表示从文件头开始计算；值为 1 时，表示从当前位置开始计算；值为 2 时，表示从文件尾开始计算。默认值为 0）。例如，想要从文件的第 9 个字符开始读取 5 个字符，可以使用下面的代码：

```
01  file.seek(9)                    # 移动文件指针到新的位置
02  string = file.read(5)          # 读取5个字符
```

15.1.1.6 复制文件

在 Python 中复制文件需要使用 shutil 模块的 copyfile() 方法，其语法如下：

```
shutil.copyfile(src, dst)
```

参数说明：

☑ src：要复制的源文件。

☑ dst：复制的目标文件。

例如，将 C 盘根目录下的 test.txt 文件复制到 D 盘根目录下，代码如下：

```
01  import shutil
02  shutil.copyfile("C:/test.txt","D:/test.txt")
```

15.1.1.7 移动文件

在 Python 中移动文件需要使用 shutil 模块的 move() 方法，其语法如下：

```
shutil.move(src, dst)
```

参数说明：

☑ src：要移动的源文件。

☑ dst：移动的目标文件。

例如，将 C 盘根目录下的 test.txt 文件移动到 D 盘根目录下，代码如下：

```
01  import shutil
02  shutil.move("C:/test.txt","D:/test.txt")
```

说明　复制文件和移动文件的区别是，复制文件时，源文件还存在，而移动文件相当于将源文件剪切到另外一个路径，源文件不再存在。

15.1.1.8 重命名文件

在 Python 中重命名文件需要使用 os 模块的 rename() 方法，其语法如下：

```
os.rename(src,dst)
```

参数说明：

☑ src：要进行重命名的文件。

☑ dst：重命名后的文件。

例如，将D盘根目录下的test.txt文件重命名为mr.txt，代码如下：

```
01  import os
02  os.rename("D:/test.txt","D:/mr.txt")
```

另外，也可以使用shutil模块的move()方法对文件进行重命名，例如，将上面的代码进行如下修改：

```
01  import shutil
02  shutil.move("D:/test.txt","D:/mr.txt")
```

多学两招

在执行文件操作时，为了确保能够正常执行，可以使用 os.path 模块的 exists() 方法判断要操作的文件是否存在。例如，判断 C 盘下是否存在 test.txt 文件，代码如下：

```
01  import os                          # 导入os模块
02  if os.path.exists("C:/test.txt"):  # 判断文件是否存在
03      pass
```

15.1.1.9 删除文件

在Python中删除文件需要使用os模块的remove()方法，其语法如下：

```
os.remove(path)
```

其中，参数path表示要删除的文件路径，可以使用相对路径，也可以使用绝对路径。

例如，删除D盘根目录下的test.txt文件，代码如下：

```
01  import os
02  os.remove("D:/test.txt")
```

15.1.1.10 获取文件基本信息

在计算机上创建文件后，该文件本身就会包含一些基本信息。例如，文件的最后一次访问时间、最后一次修改时间、文件大小等。通过os模块的stat()方法可以获取到文件的这些基本信息，其语法如下：

```
os.stat(path)
```

其中，path表示要获取文件基本信息的文件路径，可以是相对路径，也可以是绝对路径。

stat()方法的返回值是一个对象，该对象包含如表15.2所示常用属性。通过访问这些属性可以获取文件的基本信息。

表15.2 stat()方法返回对象的常用属性及其说明

属　性	说　明	属　性	说　明
st_mode	保护模式	st_dev	设备名
st_ino	索引号	st_uid	用户ID
st_nlink	硬链接号（被链接数目）	st_gid	组ID
st_size	文件大小，单位为字节	st_atime	最后一次访问时间
st_mtime	最后一次修改时间	st_ctime	最后一次状态变化的时间（系统不同返回结果也不同，例如，在Windows操作系统下返回的是文件的创建时间）

下面通过一个具体的实例演示如何使用 stat() 方法获取文件的基本信息。

实例15.3 在tkinter窗口中显示文件基本信息	实例位置：资源包\Code\15\03

创建窗口，并且在窗口中添加一个按钮，单击该按钮，在窗口中显示 test.txt 文件的基本信息。具体代码如下：

```
01  from tkinter import *
02  import os,time
03  def show1():
04      a=os.stat("test.txt")
05      text.insert(INSERT,"文件大小:"+str(a.st_size)+"字节")
06      text.insert(INSERT, "\n\n文件路径:" + os.path.abspath("test.txt"))
07      text.insert(INSERT, "\n\n最后访问时间:" + time.strftime("%Y-%m-%d %H:%M:%S",
    time.localtime(a.st_atime)))
08      text.insert(INSERT, "\n\n最后修改时间:" + time.strftime("%Y-%m-%d %H:%M:%S",
    time.localtime(a.st_mtime)))
09  win=Tk()
10  Button(win,text="显示信息",command=show1).pack(pady=10)
11  text=Text(win,font=14,width=60,height=10)
12  text.pack(padx=10)
13  win.mainloop()
```

程序运行效果如图15.8所示。

图15.8 获取文件的基本信息

15.1.2 文件夹操作

▶ 视频讲解：资源包\Video\15\15.1.2 文件夹操作.mp4

文件夹主要用于分层保存文件，通过文件夹可以分门别类地存放文件。在 Python 中，并没有提供直接操作文件夹的方法或者对象，这就需要使用内置的 os、os.path 和 shutil 模块实现。本节将对常用的文件夹操作进行详细讲解。

15.1.2.1 获取文件夹路径

用于定位一个文件或者文件夹的字符串被称为一个路径。在程序开发时，通常涉及两种路径，一种是相对路径，另一种是绝对路径。

☑ 相对路径

在学习相对路径之前，需要先了解什么是当前工作文件夹。当前工作文件夹是指当前文件所在的文件夹。在 Python 中，可以通过 os 模块提供的 getcwd() 方法获取当前工作文件夹。具体代码如下：

```
01  import os
02  print(os.getcwd())   # 输出当前工作文件夹
```

执行上面的代码后，将显示以下文件夹，该路径就是当前工作文件夹。

E:\program\Python\Code

相对路径是依赖于当前工作文件夹的，如果在当前工作文件夹下，有一个名称为message.txt的文件，那么在打开这个文件时，文件路径就是文件名，这时采用的就是相对路径，message.txt文件的实际路径就是当前工作文件夹"E:\program\Python\Code" + 相对路径 "message.txt"，即 "E:\program\Python\Code\message.txt"。

如果在当前工作文件夹下，有一个子文件夹demo，在该子文件夹下保存着文件message.txt，那么在打开这个文件时就可以写上 "demo/message.txt"，例如下面的代码：

```
01  with open("demo/message.txt") as file:   # 通过相对路径打开文件
02      pass
```

 说明

在 Python 中，指定文件路径时需要对路径分隔符 "\" 进行转义，即将路径中的 "\" 替换为 "\\"。例如，相对路径 "demo\message.txt" 需要使用 "demo\\message.txt" 代替。另外，也可以将路径分隔符 "\" 采用 "/" 代替。

 多学两招

在指定路径时，可以在表示路径的字符串前面加上字母 r（或 R），那么该字符串将原样输出，这时路径中的分隔符就不需要再转义了。例如，上面的代码也可以修改如下：

```
01  with open(r"demo\message.txt") as file:         # 通过相对路径打开文件
02      pass
```

☑ 绝对路径

绝对路径是指在使用文件时指定文件的实际路径，它不依赖于当前工作文件夹。在 Python 中，可以通过os.path模块提供的abspath()方法获取一个文件的绝对路径。abspath()方法的语法格式如下：

```
os.path.abspath(path)
```

其中，path表示要获取绝对路径的相对路径，可以是文件，也可以是文件夹。

例如，获取相对路径 "demo\message.txt" 的绝对路径，代码如下：

```
01  import os
02  print(os.path.abspath(r"demo\message.txt"))        # 获取绝对路径
```

如果当前工作文件夹为 "E:\program\Python\Code"，那么将得到以下结果：

E:\program\Python\Code\demo\message.txt

☑ 拼接路径

如果想要将两个或者多个路径拼接到一起组成一个新的路径，可以使用os.path模块提供的join()方法实现。join()方法的语法格式如下：

```
os.path.join(path1[,path2[,…]])
```

其中，path1、path2用于代表要拼接的文件路径，这些路径间使用逗号进行分隔。如果在要拼接的路径中没有绝对路径，那么最后拼接出来的将是一个相对路径。

注意

使用 os.path.join() 方法拼接路径时，并不会检测该路径是否真实存在。

例如，需要将"E:\program\Python\Code"和"demo\message.txt"路径拼接到一起，代码如下：

```
01  import os
02  print(os.path.join("E:\program\Python\Code","demo\message.txt"))     # 拼接路径
```

执行上面的代码，将得到以下结果：

```
E:\program\Python\Code\demo\message.txt
```

说明

在使用 join() 方法时，如果要拼接的路径中存在多个绝对路径，那么按照从左到右的顺序，以最后一次出现的绝对路径为准，并且该路径之前的参数都将被忽略。例如，执行下面的代码：

```
01  import os
02  print(os.path.join("E:\\code","E:\\python\\mr","Code","C:\\","demo")) # 拼接路径
```

将得到拼接后的路径为"C:\demo"。

多学两招

将两个路径拼接为一个路径时，不要直接使用字符串拼接，而是使用 os.path.join() 方法，这样可以正确处理不同操作系统的路径分隔符。

15.1.2.2 判断文件夹是否存在

在 Python 中，有时需要判断给定的文件夹是否存在，这时可以使用os.path模块提供的exists()方法。exists()方法的语法格式如下：

```
os.path.exists(path)
```

参数说明：

☑ path：表示要判断的文件夹，可以采用绝对路径，也可以采用相对路径。

☑ 返回值：如果给定的路径存在，则返回True，否则返回False。

例如，判断绝对路径"C:\demo"是否存在，代码如下：

```
01  import os
02  print(os.path.exists("C:\\demo"))   # 判断文件夹是否存在
```

执行上面的代码，如果在C盘根目录下没有demo文件夹，则返回False，否则返回True。

15.1.2.3 创建文件夹

在 Python 中，os模块提供了两个创建文件夹的方法，一个用于创建一级文件夹，另一个用于创建多级文件夹。下面分别进行介绍。

■ 创建一级文件夹

创建一级文件夹是指一次只能创建顶层文件夹，而不能创建子文件夹。在 Python 中，可以使用 os 模块提供的 mkdir() 方法实现。通过该方法只能创建指定路径中的最后一级文件夹，如果该文件夹的上一级不存在，则显示 FileNotFoundError 异常。mkdir() 方法的语法格式如下：

```
os.mkdir(path, mode=0o777)
```

参数说明：

☑ path：指定要创建的文件夹，可以使用绝对路径，也可以使用相对路径。

☑ mode：指定数值模式，默认值为 0777。该参数在非 UNIX 系统上无效或被忽略。

例如，在 C 盘根目录下创建一个 demo 文件夹，代码如下：

```
01  import os
02  os.mkdir("C:\\demo")                           # 创建C:\demo文件夹
```

说明

如果创建的文件夹已经存在，将会显示 FileExistsError 异常，要避免该异常，可以先使用 os.path.exists() 方法判断要创建的文件夹是否存在。

■ 创建多级文件夹

使用 mkdir() 方法只能创建一级文件夹，如果想创建多级文件夹，可以使用 os 模块提供的 makedirs() 方法，该方法用于采用递归的方式创建文件夹。makedirs() 方法的语法如下：

```
os.makedirs(name, mode=0o777)
```

参数说明：

☑ name：指定要创建的文件夹，可以使用绝对路径，也可以使用相对路径。

☑ mode：指定数值模式，默认值为 0777。该参数在非 UNIX 系统上无效或被忽略。

例如，在 C:\demo\test\dir\ 路径下创建一个 mr 文件夹，代码如下：

```
01  import os
02  os. makedirs ("C:\\demo\\test\\dir\\mr ")       # 创建C:\demo\test\dir\mr文件夹
```

执行上面代码时，无论中间的 demo、test、dir 文件夹是否存在，都可以正常执行，因为如果路径中有文件夹不存在，makedirs() 方法会自动创建。

15.1.2.4　复制文件夹

在 Python 中复制文件夹需要使用 shutil 模块的 copytree() 方法，其语法如下：

```
shutil.copytree(src, dst)
```

参数说明：

☑ src：要复制的源文件夹。

☑ dst：复制的目标文件夹。

例如，将 C 盘根目录下的 demo 文件夹复制到 D 盘根目录下，代码如下：

```
01  import shutil
02  shutil.copytree("C:/demo","D:/demo")
```

说明

在复制文件夹时，如果要复制的文件夹下还有子文件夹，将会整体复制到目标文件夹中。

15.1.2.5 移动文件夹

在 Python 中移动文件夹需要使用 shutil 模块的 move() 方法，其语法如下：

```
shutil.move(src, dst)
```

参数说明：

☑ src：要移动的源文件夹。

☑ dst：移动的目标文件夹。

例如，将 C 盘根目录下的 demo 文件夹移动到 D 盘根目录下，代码如下：

```
01  import shutil
02  shutil.move("C:/demo","D:/demo")
```

说明　复制文件夹和移动文件夹的区别是，复制文件夹时，源文件夹还存在，而移动文件夹相当于将源文件夹剪切到另外一个路径，原文件夹不再存在。

15.1.2.6 重命名文件夹

在 Python 中重命名文件夹需要使用 os 模块的 rename() 方法，其语法如下：

```
os.rename(src,dst)
```

参数说明：

☑ src：要进行重命名的文件。

☑ dst：重命名后的文件。

例如，将 C 盘根目录下的 demo 文件夹重命名为 demo1，代码如下：

```
01  import os
02  os.rename("C:/demo","C:/demo1")
```

另外，也可以使用 shutil 模块的 move() 方法对文件夹进行重命名。例如，上面的代码可以进行如下修改：

```
01  import shutil
02  shutil.move("C:/demo","C:/demo1")
```

15.1.2.7 删除文件夹

删除文件夹可以使用 os 模块提供的 rmdir() 方法实现。通过 rmdir() 方法删除文件夹时，只有当要删除的文件夹为空时才起作用。rmdir() 方法的语法如下：

```
os.rmdir(path)
```

其中，path 表示要删除的文件夹，可以使用相对路径，也可以使用绝对路径。

例如，删除 C 盘根目录下的 demo 文件夹，代码如下：

```
01  import os
02  os.rmdir("C:\\demo")
```

多学两招　使用 rmdir() 方法只能删除空文件夹，如果想要删除非空文件夹，则需要使用 Python 内置的标准模块 shutil 的 rmtree() 方法实现。例如，删除不为空的 "C:\\demo\\test" 文件夹，代码如下：

```
01   import shutil
02   shutil.rmtree("C:\\demo\\test")     # 删除C:\demo文件夹下的test子文件夹及其包含的所有内容
```

15.1.2.8　遍历文件夹

遍历在汉语中的意思是全部走遍，到处周游。在Python中，遍历的意思也差不多，就是对指定的文件夹下的全部文件夹（包括子文件夹）及文件走一遍。在Python中，os模块的walk()方法用于实现遍历文件夹的功能。walk()方法的语法格式如下：

```
os.walk(top[, topdown][, onerror][, followlinks])
```

参数说明：

- ☑ top：用于指定要遍历内容的根文件夹。
- ☑ topdown：可选参数，用于指定遍历的顺序。如果值为True，表示自上而下遍历（即先遍历根文件夹）；如果值为False，表示自下而上遍历（即先遍历最后一级子文件夹）。默认值为True。
- ☑ onerror：可选参数，用于指定错误处理方式。默认为忽略，如果不想忽略，也可以指定一个错误处理方法，通常情况下采用默认处理方式。
- ☑ followlinks：可选参数，默认情况下，walk()方法不会向下转换指向文件夹的符号链接，将该参数值设置为True，表示在支持的系统上访问由符号链接指向的文件夹。
- ☑ 返回值：返回一个包括3个元素的元组生成器对象（dirpath, dirnames, filenames）。其中，dirpath表示当前遍历的路径，是一个字符串；dirnames表示当前路径下包含的子文件夹，是一个列表；filenames表示当前路径下包含的文件，也是一个列表。

例如，要遍历文件夹"E:\program\Python\"，代码如下：

```
01   import os                                 # 导入os模块
02   tuples = os.walk("E:\\program\\Python")   # 遍历指定文件夹
03   for tuple1 in tuples:                      # 通过for循环输出遍历结果
04       print(tuple1 ,"\n")                    # 输出每一级文件夹的元组
```

注意

walk() 方法只在 UNIX 和 Windows 操作系统中有效。

通过walk()方法可以遍历指定文件夹下的所有文件及子文件夹，但这种方法遍历的结果可能会很多，有时我们只需要指定文件夹根目录下的文件和文件夹，怎么办呢？os模块中提供了listdir()方法，可以获取指定文件夹根目录下的所有文件及子文件夹名称，其语法格式如下：

```
os.listdir(path)
```

其中，path表示要遍历的文件夹路径；返回值是一个列表，包含了所有的文件名及子文件夹名。

实例15.4　遍历指定路径下的文件　｜　实例位置：资源包\Code\15\04

本实例将实现遍历计算机中的某一指定路径下的文件，然后将遍历结果以目录树的形式显示在窗口中，具体代码如下：

```
01  from tkinter import *
02  from tkinter.ttk import *
03  import os
04  class tree(object):
05      def __init__(self,path):
06          self.win=Tk()                                    # 创建窗口
07          self.win.title('显示树状目录')
08          self.tree=Treeview()
09          self.tree.heading("#0",text="file")
10          self.tree.pack()
11          temppath=os.path.basename(path)                  # 提取path路径中的最后一个文件名
12          treeF = self.tree.insert('', 0, text=temppath)   # 一级目录
13          self.showtree(path,treeF)
14          self.win.mainloop()
15      def showtree(self,path,root):
16          filelist=os.listdir(path)                        # 将文件夹中的文件放到列表里
17          for filename in filelist:
18              abspath=os.path.join(path,filename)
19              # 将路径添加到目录树中
20              treeFinside = self.tree.insert(root, 0, text=filename,values=(abspath))
21              if os.path.isdir(abspath):
22                  # 将路径和上一级树枝名treeFinside返回
23                  self.showtree(abspath,treeFinside)
24  a=tree("D:\\code")
```

其运行结果如图15.9所示。

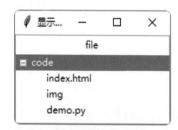

图15.9 以目录树的形式显示遍历文件结果

15.2 tkinter 模块中的文件对话框

tkinter模块提供了filedialog模块，通过filedialog模块，用户可以对文件进行操作。该模块提供了7种方法，下面按照这7种方法的作用对其分类讲解。

15.2.1 选择文件

▶ 视频讲解：资源包\Video\15\15.2.1 选择文件.mp4

选择文件可以通过两种方法来实现，分别是askopenfilename()方法和askopenfilenames()方法。这两种方法的作用基本相同，都是选择文件，并返回所选文件的文件名。不同的是，前者只允许用户选择

一个文件，而后者允许用户选择多个文件，然后返回一个由文件名组成的列表。以askopenfilename()方法为例，其语法如下：

```
askopenfilename(title="对话框标题",filetype="文件格式")
```

参数说明：
- ☑ title：表示文件对话框的标题，若省略该参数，则窗口标题由系统设置。
- ☑ filetype：表示允许的文件格式，若省略该参数，则显示所有格式的文件。

例如，单击按钮打开一个文件对话框，允许用户选择png格式的文件，具体代码如下：

```
01  from tkinter import *
02  from tkinter.filedialog import *
03  def a():
04      # 打开文件对话框
05      bb=askopenfilename(title="选择文件",filetype=[("png格式的图片文件","*.png")])
06  win=Tk()
07  Button(win,text="选择",command=a).pack() # 添加按钮
08  win.mainloop()
```

运行程序，单击窗口中的"选择"按钮，可以打开一个文件选择对话框，如图15.10所示。

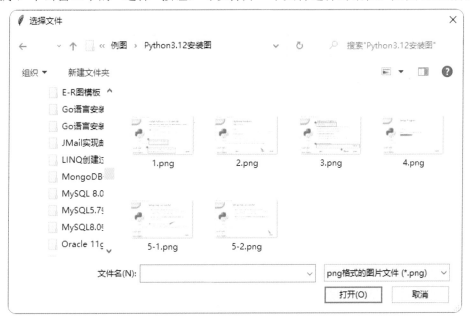

图15.10 打开文件选择对话框

实例15.5　以表格形式显示所选文件的路径　　实例位置：资源包\Code\15\05

在tkinter窗口中添加按钮，单击按钮时，打开一个文件选择对话框，待用户选择完文件后，在tkinter窗口中以表格形式显示用户所选的文件的路径。具体代码如下：

```
01  from tkinter import *
02  from tkinter.filedialog import *
03  from tkinter.ttk import *
04  def a():
05      # 打开文件对话框，其返回值为一个元组形式的文件名
06      file=askopenfilenames(title="选择文件",filetype=[("png图片","*.png")])
07      # 遍历元组，将其添加到树状列表中
08      for i,ch in enumerate(file):
09          tree.insert("", index=END, text=i,values=(ch))
10  win=Tk()
11  win.title("显示所选文件的信息")
12  Button(win,text="选择",command=a).pack(pady=5)   # 添加按钮
```

```
13  tree=Treeview(win,columns=("path"))              # 添加树状列表
14  tree.heading("#0",text="序号")
15  tree.heading("path",text="路径")
16  tree.pack()
17  win.mainloop()
```

运行程序，在窗口中单击"选择"按钮，选择多个文件，然后在tkinter窗口中即可显示所选文件的路径，效果如图15.11所示。

图15.11 以表格形式显示所选文件的路径

15.2.2 保存文件

视频讲解：资源包\Video\15\15.2.2 保存文件.mp4

实现保存文件有两个方法，分别是asksaveasfile()方法和asksaveasfilename()方法，前者用于创建并保存文件，返回文件流对象；而后者用于选择以什么文件名保存，返回文件名。这两个方法的参数基本类似，以asksaveasfile()方法为例，其语法如下：

```
asksaveasfile(defaultextension="",filetypes="",initialdir="",initialfile="",parent="",title="")
```

该语法中各参数及其含义如表15.3所示。

表15.3 asksaveasfile()方法的参数及其含义

194

参　　数	含　　义
defaultextension	文件默认的扩展名。例如".py"等
filetypes	允许的文件格式，例如其值可以是[("Python files","*.py")]
initialdir	初始目录，默认为当前目录
initialfile	初始文件名，默认为空
parent	关闭对话框时获得焦点的窗口
title	窗口的标题

下面通过两段代码分别演示这两个方法的使用。首先演示asksaveasfilename()方法，在tkinter窗口中添加一个按钮，单击按钮即可打开一个"另存为"文件对话框，具体代码如下：

```
01  def sav():
02      # 可选的文件格式
03      filetype = [('Python Files', '*.py *.pyw'),('Text Files', '*.txt'),('All Files', '*.*')]
04      b = asksaveasfilename(defaultextension = '.py',filetypes = filetype,
     initialdir = 'D:\\code',initialfile = 'Test',title = "另存为")
05      print(b)
06  from tkinter import *
07  from tkinter.filedialog import *
08  win=Tk()
09  Button(win,text="保存",command=sav).pack(pady=10)
10  win.mainloop()
```

运行程序，在打开的tkinter窗口中单击"保存"按钮，可打开一个"另存为"文件对话框，如图15.12所示。选择文件路径后单击"保存"按钮，可看到PyCharm下方打印出文件路径，如图15.13所示。

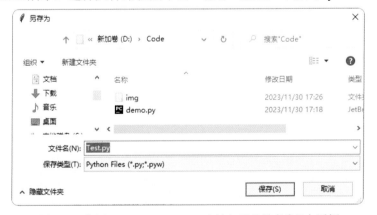

图 15.12　使用 asksaveasfilename()方法打开"另存为"会话框　　　　图 15.13　查看返回值

而将上述代码中的asksaveasfilename()方法替换为asksaveasfile()方法，需要将上述代码中的第4行替换为如下代码：

```
b=asksaveasfile(defaultextension = '.py',filetypes = filetype,initialdir = 'D:\\code',
initialfile = 'Test',title = "另存为")
```

再次运行本程序，在tkinter窗口中单击"保存"按钮，即可打开一个"保存"文件对话框，此时选择路径然后单击"保存"按钮后，就可看到对应路径会存在一个新保存的文件，如图15.14所示。返回PyCharm，其返回值如图15.15所示。

图15.14 创建并保存文件

```
D:\soft\python\soft\python.exe D:/soft/python/demo/tkint/part14/demo6/py.py
<_io.TextIOWrapper name='D:/code/Test.py' mode='w' encoding='cp936'>
```

图15.15 查看返回值

实例15.6　在tkinter模块中创建指定格式文件并且追加内容　　实例位置：资源包\Code\15\06

使用tkinter模块设计一个窗口，在该窗口中设计三个按钮，单击按钮依次可以创建一个指定格式的文件并保存，编辑要添加到文件里的内容，以及向文件中添加内容。具体步骤如下：

（1）定义三个按钮及一个多行文本框，具体代码如下：

```
01  from tkinter import *
02  from tkinter.filedialog import *
03  from tkinter.messagebox import *
04  win=Tk()
05  Button(win,text="创建文件",command=sav).grid(row=0,column=0,padx=10,)
06  Button(win,text="编辑内容",command=edit1).grid(row=0,column=1,padx=20,pady=10)
07  Button(win,text="提交",command=add1).grid(row=0,column=2,padx=10,)
08  text=Text(win,width=50,height=5)
09  win.mainloop()
```

（2）使用sav()方法，实现创建文件并保存到指定路径。在步骤（1）的上方添加如下代码：

```
01  b=""
02  # 创建并保存文件
03  def sav():
04      global b
05      # 可选的文件格式
06      filetype = [('Python Files', '*.py *.pyw'),('Text Files', '*.txt'),('All Files', '*.*')]
07      b=asksaveasfile(defaultextension = '.py',filetypes = filetype,initialdir = 'D:\\code',
    initialfile = 'Test',title = "另存为")
```

（3）使用edit1()方法，判断文件是否已创建，若已经创建，则显示多行文本框。该文本框中的内容就是向所创建文件中添加的文本。在步骤（2）中代码后添加如下代码：

```
01  # 定义向文件内添加的内容
02  def edit1():
03      if b=="":
04          showerror("错误","文件不存在，请先创建文件")
05      else:
06          text.grid(row=2,column=0,columnspan=3)
```

（4）使用add1()方法，实现将文本框中的内容添加到所创建文件中的功能，在步骤（3）中代码后添加如下代码：

```
01  # 添加内容
02  def ok():
03      global text
04      a = text.get(0.0, END)
05      print(len(a))
06      if len(a)<=1:
07          showerror("错误", "内容不能为空")
08      else:
09          file = open(b.name, "w", encoding='utf-8')
10          file.write(a)
11          file.close()
12          win.quit()
```

　　运行程序，初始效果如图 15.16 所示。单击"创建文件"按钮即可创建文件，然后将弹出一个对话框，需要用户选择文件的保存地址及文件类型（本实例创建了一个文本文件，保存地址为桌面），如图 15.17 所示。

图 15.16　初始运行效果

图 15.17　保存文件

　　保存文件以后，单击"编辑内容"按钮，即可在 tkinter 窗口中显示多行文本框，在文本框中添加内容，如图 15.18 所示。添加完成后，单击"提交"按钮，即可将内容添加到文本文件中，在桌面上双击 text.txt 文件即可打开查看内容，如图 15.19 所示。

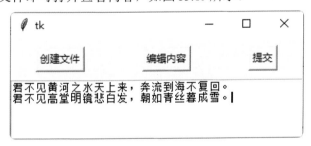

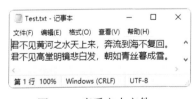

图 15.18　向文件内添加内容

图 15.19　查看文本文件

15.2.3　打开文件

　视频讲解：资源包\Video\15\15.2.3　打开文件.mp4

　　filedialog 中提供了两个方法用以打开文件，分别是 askopenfile() 方法和 askopenfiles() 方法，它们的功能基本相同。不同的是，前者打开一个文件，其返回值为文件流对象；而后者可以打开多个文件，其返回值为文件流对象集合。以askopenfile()方法为例，其语法如下：

```
askopenfile(title="会话框标题")
```

上述语法的相关参数与asksaveasfile()方法的一致，此处不再讲解。

实例15.7　在tkinter窗口中显示文本文件的内容　　　　实例位置：资源包\Code\15\07

设计窗口并添加按钮，单击按钮后可以打开一个文件对话框，帮助用户选择文件，然后在tkinter窗口中显示所选文件的内容。具体代码如下：

```
01   # 显示文件内容
02   def sav():
03       b=askopenfile(title="打开文件",filetypes=[("text文本文件","*.txt")])   # 选择文件
04       file=open(b.name,"r")
05       text.insert(0.0,file.readlines())   # 将文件的内容添加到多行文本框中
06   from tkinter import *
```

```
07   from tkinter.filedialog import *
08   win=Tk()
09   Button(win,text="打开文件",command=sav).pack(pady=10)
10   text=Text(win,width=50,height=5)
11   text.pack()
12   win.mainloop()
```

运行程序即可打开一个窗口，单击该窗口中的"打开文件"按钮即可打开"打开文件"对话框，如图15.20所示。在窗口中选择一个.txt格式的文本文件，然后在tkinter窗口中即可查看该文本文件的内容，如图15.21所示。

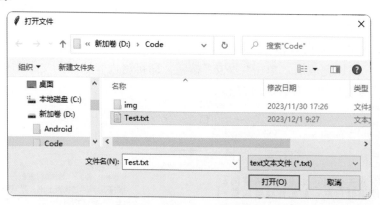

图15.20 "打开文件"对话框

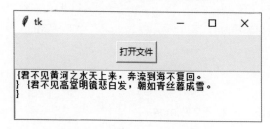

图15.21 查看文本文件的内容

15.2.4　选择文件夹

▶ 视频讲解：资源包\Video\15\15.2.4　选择文件夹.mp4

filedialog 提供了 askdirectory() 方法来选择或者创建一个文件夹，其语法格式如下：

```
askdirectory(title="会话框标题")
```

其中，title 可指定文件夹对话框的标题。该方法返回文件夹路径。

例如，使用 tkinter 模块创建一个窗口，在窗口中添加按钮，单击按钮时，让用户选择或者创建一个文件夹，具体代码如下：

```
01  # 创建并保存文件
02  def sav():
03      b=askdirectory(title="选择或重新创建一个文件夹")
04      print(b)
05  from tkinter import *
06  from tkinter.filedialog import *
```

本章 e 学码：关键知识点拓展阅读

GBK 编码	UTF-8 编码	完整路径
st_ino	读写模式	只读模式
st_mode	读写文件的缓冲模式	只写模式
st_nlink	目录树	

第16章

Python 程序的打包发布

（ ▶ 视频讲解：12 分钟）

本章概览

Python程序的打包发布，就是将.py代码文件打包成可以直接双击执行的.exe文件，因为Python中并没有内置可以直接打包程序的模块，所以需要借助第三方模块实现。打包Python程序的第三方模块有很多，其中最常用的就是Pyinstaller模块，本章将对如何使用Pyinstaller模块打包Python程序进行详细讲解。

知识框架

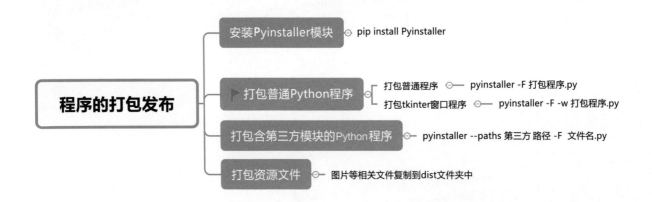

16.1 安装Pyinstaller模块

▶ 视频讲解：资源包\Video\16\16.1 安装Pyinstaller模块.mp4

使用Pyinstaller模块打包Python程序前，首先需要安装该模块，安装命令为"pip install Pyinstaller"，具体步骤如下：

（1）以管理员身份打开系统的命令提示符窗口，输入安装命令，如图16.1所示。

图16.1 在命令提示符窗口中输入安装命令

（2）按下回车键，开始进行安装，安装成功的效果如图16.2所示。

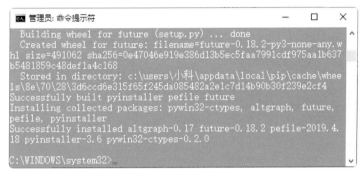

图16.2 Pyinstaller模块安装成功

 注意

在安装 Pyinstaller 模块时，计算机需要联网下载安装包。

安装完 Pyinstaller 模块后，就可以使用它对 .py 文件进行打包了。打包分两种情况，一种是打包普通 Python 程序，另外一种是打包使用了第三方模块的 Python 程序。下面分别进行讲解。

16.2 打包普通Python程序

▶ 视频讲解：资源包\Video\16\16.2 打包普通Python程序.mp4

普通Python程序指的是完全使用Python内置模块或者对象实现的程序，程序中不包括任何第三方模块。tkinter模块是Python的内置模块，所以可以直接打包含tkinter模块的Python程序。下面以打包找颜色测眼力的Python程序（源码参照第13章实例13.1）为例，讲解使用Pyinstaller打包普通Python程序的步骤。

打开系统的命令提示符窗口，使用cd命令切换到.py文件所在路径（如果.py文件不在系统盘下，需要先使用"盘符:"命令来切换盘符），然后输入"pyinstaller-F 文件名 .py"命令进行打包，如图16.3所示。

图16.3 使用Pyinstaller模块打包单个.py文件

说明

（1）图 16.3 中的"J："用来将盘符切换到 J 盘，"J:\>cd J:\PythonDevelop\16"用来将路径切换到 .py 文件所在路径，读者需要根据自己的实际情况进行相应替换。

（2）"pyinstaller -F"命令用于打包普通的程序文件，由于本示例为窗口程序，所以需要添加其他参数，具体命令如下：

```
pyinstaller -F -w  ioc.ico py.py。
```

参数说明：

☑ -w：表示这是一个窗口程序（可以去掉控制台窗口）。

☑ ioc.ico：表示窗口图标文件。

☑ py.py：表示窗口程序的入口文件

执行以上打包命令的过程如图16.4所示。

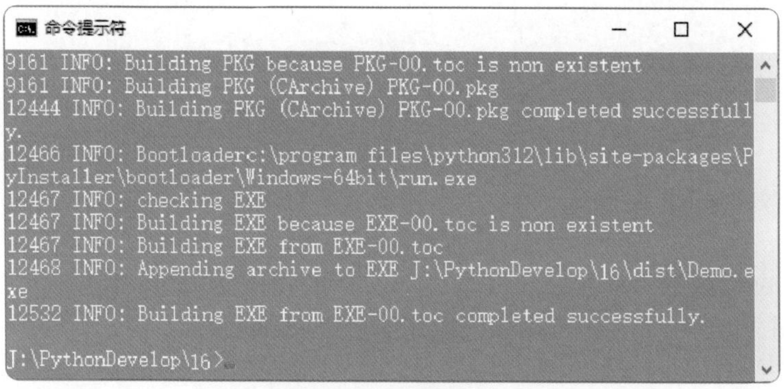

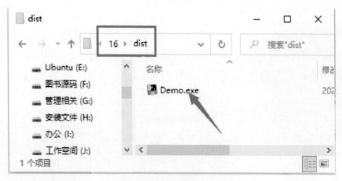

图16.4 执行打包过程

打包成功的.exe文件位于.py文件同级目录下的dist文件夹中，如图16.5所示，直接双击即可运行。

图16.5 打包后的.exe文件

注意 使用 Pyinstaller 模块打包 Python 程序时，如果在 Python 程序中引入了第三方模块，需要在 Pyinstaller 模块的打包命令中使用 --paths 指定第三方模块所在的路径，16.3 节中将以打包含有第三方模块的程序为例，详细讲解其使用方法。

16.3　打包含第三方模块的 Python 程序

▶ 视频讲解：资源包\Video\16\16.3 打包含第三方组件的Python程序.mp4

使用"pyinstaller-F"命令可以打包没有第三方模块的普通Python程序，但如果程序中用到了第三方模块，在运行打包后的.exe文件时就会出现找不到相应模块的错误提示，怎么解决这类问题呢？下面具体讲解。

打包含有第三方模板的Python文件的命令如下：

```
pyinstaller --paths 第三方模块路径 -F -w --icon=窗口图标文件 文件名.py
```

我们可以看到，它比打包普通Python程序多了"--paths 第三方模块路径"。这一部分指定了第三方模块的路径。

下面以打包含有第三方模块PIL的程序为例进行详细讲解。在第5章介绍Label组件时，介绍了第三方模块PIL的下载与使用，其功能是在tkinter窗口中添加.jpg格式的图片，如果在程序中引用了PIL模块，那么在使用pyinstaller命令打包其开发的程序时，需要使用"--paths"参数指定PIL模块所在的路径。具体步骤如下：

（1）打开系统的命令提示符窗口，使用cd命令切换到.py文件所在路径（如果.py文件不在系统盘，需要先使用"盘符:"命令来切换盘符），然后使用pyinstaller模块的打包命令进行打包，如图16.6所示。

说明 图 16.6 中的第三方模块路径和需要打包的程序文件需要读者根据实际情况进行替换。

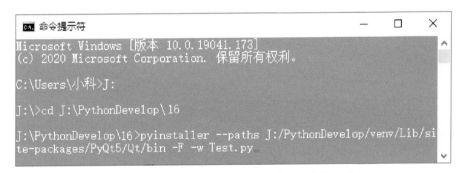

图16.6　使用pyinstaller模块打包含第三方模块的程序

（2）输入以上命令后，按下回车键，即自动开始打包程序，打包完成后提示"*** completed successfully"，说明打包成功，如图16.7所示。

（3）打包成功的.exe文件位于.py文件同级目录下的dist文件夹中，读者需要将对应的图片文件移动到dist文件夹中，然后直接双击即可运行程序，如图16.8所示。

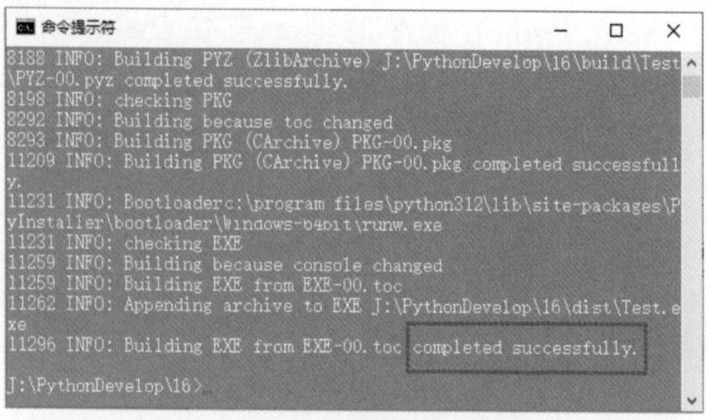

图16.7 打包过程及成功提示

图16.8 双击打包完成的 .exe 文件运行程序

16.4 打包资源文件

视频讲解：资源包\Video\15\16.4 打包资源文件.mp4

在打包 Python 程序时，如果程序中用到图片等资源文件，打包完成后，需要对资源文件进行打包。打包资源文件的过程非常简单，只需要将打包的 .py 文件同级目录下的资源文件或者文件夹复制到 dist 文件夹中即可，如图16.9所示。

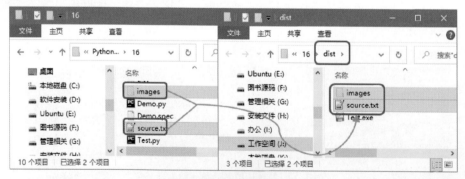

图16.9 打包资源文件

本章 e 学码：关键知识点拓展阅读

Pyinstaller 模块	窗口图标文件	盘符
Python 内置模块	第三方模块	

e 学码

第 **17** 章

掷骰子游戏

(▶ 视频讲解：34 分钟)

本章概览

掷骰子是一个博弈点数猜大小的游戏，每次下注前，庄家先把三颗骰子放在有盖的器皿内摇晃，参与者下注猜骰子点数大小，下注结束庄家打开器皿，计算骰子总点数，小于等于10为小，大于10为大，猜中者获胜。

知识框架

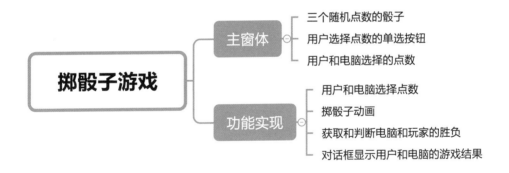

17.1 前期准备

17.1.1 需求分析

▶ 视频讲解：资源包\Video\17\17.1.1 需求分析.mp4

掷骰子游戏以猜点数大小为主，该游戏简单易上手。本项目就是在 tkinter 窗口中模拟掷骰子游戏，对局角色有用户和电脑，用户可以自由选择点数为大或者小，而电脑选择的点数取决于之前出现次数较多的点数。

17.1.2 系统功能结构

▶ 视频讲解：资源包\Video\17\17.1.2 系统功能结构.mp4

本项目主要实现掷骰子游戏，主窗口中包括：单选按钮、随机点数的骰子、用户和玩家选择的点数，以及开始按钮。整个游戏的主要功能包括：获取用户选择的点数、帮助电脑选择点数、将用户和电脑的选择结果显示在窗口中、判断用户和电脑的胜负结果。具体系统功能结构如图17.1所示。

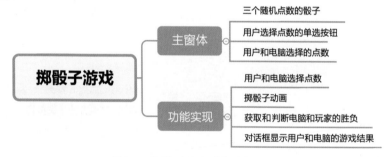

图17.1 掷骰子游戏系统功能结构

17.1.3 设计流程

▶ 视频讲解：资源包\Video\17\17.1.3 设计流程.mp4

掷骰子游戏设计流程如图17.2所示。

17.1.4 系统开发环境

▶ 视频讲解：资源包\Video\17\17.1.4 系统开发环境.mp4

本软件的开发及运行环境具体如下：

☑ 操作系统：Windows 10。

☑ Python 版本：Python 3.12.0。

☑ Python 内置模块：tkinter，tkinter.ttk，tkinter.messagebox，random。

☑ 开发工具：PyCharm。

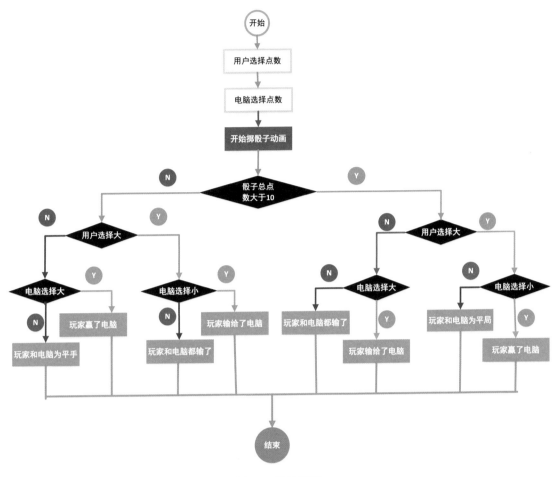

图17.2 设计流程

17.1.5 系统预览

📹 视频讲解：资源包\Video\17\17.1.5 系统预览.mp4

系统预览如图17.3~图17.7所示。

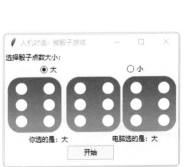

图17.3 初始运行效果

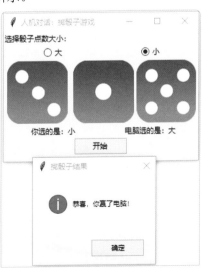

图17.4 玩家赢了电脑

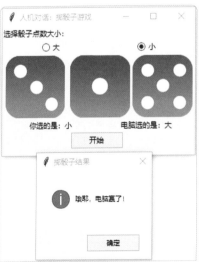

图17.5 电脑赢了

图17.6 玩家和电脑都输了

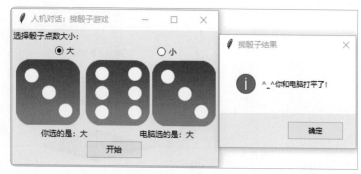

图17.7 玩家和电脑打平（都赢了）

17.2 窗口布局

📹 视频讲解：**资源包\Video\17\17.2 窗口布局.mp4**

窗口中主要包括的内容有：单选框、三个"骰子"、用户和电脑的选择，以及"开始"按钮。其中，单选框用于帮助用户选择点数为大或者小；三个"骰子"用于让用户看到掷骰子的动画过程；下方通过两个Label组件显示用户和电脑的选择结果；选择结果的下方为游戏的结果，只有在一局游戏结束后才显示结果；"开始"按钮则用于启动游戏。下面具体看这些组件在窗口中的布局。

（1）首先导入一些内置模块，包括tkinter模块、ttk模块、messagebox模块及random模块，然后定义变量big、little和count，具体代码如下：

```
01  from tkinter import *
02  from tkinter.ttk import *
03  from tkinter.messagebox import *
04  import random
05  big = 0                    # big和little用于帮助电脑选择点数大小
06  little = 0
07  count = 0                  # 单次游戏中骰子变化的次数
```

（2）创建窗口，然后在窗口中添加单选按钮、标签组件及骰子图片等内容，并且通过grid()设置窗口中各组件的位置，具体代码如下：

```
01  root = Tk()
02  root.title('人机对话：掷骰子游戏')
03  root.wm_attributes('-topmost', 1)
04  root.geometry('320x250')
05  title = Label(root, text="选择骰子点数大小：").grid(column=0, row=0)
06  cvar = IntVar()
07  cvar.set('1')        # 单选按钮的默认值
08  option = Radiobutton(root, text="大", variable=cvar, value=1,
      command=option_value).grid(column=0, row=1, columnspan=3)
09  option1 = Radiobutton(root, text="小", variable=cvar, value=0,
      command=option_value).grid(column=3, row=1, columnspan=3)
10  image1 = PhotoImage(file='touzi/6t.png')
11  label = Label(root, image=image1)                     # 第一个骰子图片
```

```
12  label.grid(column=0, row=2, columnspan=2)
13  image2 = PhotoImage(file='touzi/6t.png')
14  labe2 = Label(root, image=image2)              # 第二个骰子图片
15  labe2.grid(column=2, row=2, columnspan=2)
16  image3 = PhotoImage(file='touzi/6t.png')
17  labe3 = Label(root, image=image3)              # 第三个骰子图片
18  labe3.grid(column=4, row=2, columnspan=2)
19  labe4 = Label(root, text="你选的是：大")          # 显示用户选择结果
20  labe4.grid(column=0, row=3, columnspan=3)
21  labe5 = Label(root, text="电脑选的是：大")         # 显示电脑选择结果
22  labe5.grid(column=3, row=3, columnspan=3)
23  Button(root, text="开始", command=start).grid(column=0, row=6, columnspan=6) # 开始按钮
24  root.mainloop()
```

程序运行效果如图17.8所示。

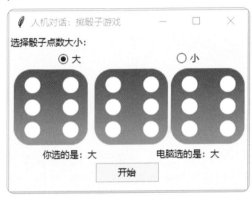

图17.8　窗口布局效果

17.3　功能实现

17.3.1　用户和电脑选择骰子的点数大小

▶ 视频讲解：资源包\Video\17\17.3.1　用户和电脑选择骰子的点数大小.mp4

　　用户和电脑选择骰子点数大小分别通过两种方法实现，即 option_value()方法和sys_value()方法。前者获取用户选择的结果，并将用户选择的结果显示在骰子下方；后者帮助电脑选择点数大小，并将结果也显示在骰子下方。具体实现步骤如下：

　　（1）编写 option_value()方法，获取单选按钮的值，如果单选按钮的值为1，则用户选择点数为大；反之，用户选择点数为小。然后将用户选择的点数显示在骰子下方，并且调用sys_value()方法，即当用户选择点数以后，电脑也选择点数。具体代码如下：

```
01  # 获取用户的选择结果
02  def option_value():
03      global value
04      global big
05      global little
06      global s_sel
07      global labe4
```

209

```
08        if cvar.get() == 1:
09            value = "大"
10        else:
11            value = "小"
12        labe4.config(text="你选的是: " + value)
13        s_sel = sys_value(big, little)
14        return value
```

（2）编写 sys_value() 方法，该方法接收两个参数，分别是 big 和 little。当 big<=little 时，电脑选择大，反之电脑选择小，然后将电脑的选择结果显示在骰子下方。具体代码如下：

```
01    # 电脑选择的结果
02    def sys_value(value1, value2):
03        if value1 <= value2:
04            labe5.config(text="电脑选的是：大")
05            return "大"
06        else:
07            labe5.config(text="电脑选的是：小")
08            return "小"
```

17.3.2 摇骰子过程实现

视频讲解：资源包\Video\17\17.3.2 摇骰子过程实现.mp4

call() 方法用于实现摇骰子的动画过程。该方法依次生成三个随机数，然后在窗口中显示对应的骰子的点数，将 count 加 1（如果将生成三次随机数理解为一次摇骰子，那么 count 就是单次游戏中摇骰子的次数），判断 count 是否大于或等于 20，如果大于或等于 20，则进行下一步，反之，则 100 毫秒后再次执行该方法。具体步骤如下：

（1）在该方法中，首先定义图片、骰子总点数等变量为全局变量，然后依次生成三个随机数，生成随机数后，将骰子切换为对应点数的图片，具体代码如下：

```
01    def call():
02        global image1                      # 第一个骰子的图片变量
03        global image2                      # 第二个骰子的图片变量
04        global image3                      # 第三个骰子的图片变量
05        global count                       # 摇骰子次数
06        global add                         # 三个骰子的总点数
07        num = random.choice(range(1, 7))   # 随机生成第一个骰子的点数
08        img = str(num) + "t.png"
09        img = 'touzi/' + img
10        image1 = PhotoImage(file=img)
11        label.config(image=image1)         # 切换对应点数的骰子图片
12        add = num
13        num = random.choice(range(1, 7))   # 随机生成第二个骰子的点数
14        img = str(num) + "t.png"
15        img = 'touzi/' + img
16        image2 = PhotoImage(file=img)
17        labe2.config(image=image2)         # 切换对应点数的骰子图片
18        add += num                         # 求和
19        num = random.choice(range(1, 7))   # 随机生成第三个骰子的点数
20        img = str(num) + "t.png"
21        img = 'touzi/' + img
```

```
22    image3 = PhotoImage(file=img)
23    labe3.config(image=image3)              # 切换对应点数的骰子图片
```

（2）完成一次摇骰子后，计算总点数，然后将count加1并判断count的值（摇骰子次数），若值小于20，则100毫秒后（after()方法的作用是多少毫秒后再次调用函数，其时间单位为毫秒）再次摇骰子。具体代码如下：

```
01    add += num
02    count += 1
03    if count < 20:
04        root.after(100, call)
05    else:
06        judge()                             # 判断大小
```

17.3.3 判断游戏结果

🖥 视频讲解：资源包\Video\17\17.3.3 判断游戏结果.mp4

判断游戏结果的逻辑为：依次判断骰子的点数大小、玩家选择的点数大小，以及电脑选择的点数大小。假设骰子的点数为大，那么如果用户和电脑选择的点数也为大，则用户和电脑为平手；若用户选择的点数为大，而系统选择的点数为小，则玩家赢了电脑；同理，若玩家和电脑都选择了小，则玩家和电脑都输了；若玩家选择了小，而电脑选择了大，则玩家输给了电脑，以此类推。

（1）首先定义big、little、s_sel、y_sel和add为全局变量，然后判断当骰子的点数之和大于10时电脑和玩家选择的点数，具体代码如下：

```
01    def judge():
02        global big
03        global little
04        global s_sel
05        global y_sel
06        global add
07        if add >= 10:
08            big += 1                         # 总点数大于等于10，则big+1，反之little+1
09            if y_sel == "大":                 # 如果用户选择点数为大
10                if s_sel == "小":
11                    showinfo("掷骰子结果","恭喜，你赢了电脑")
12                else:
13                    showinfo("掷骰子结果", "^_^你和电脑打平了！")
14            else:
15                if s_sel == "大":
16                    showinfo("掷骰子结果", "哦耶，电脑赢了！")
17                else:
18                    showinfo("掷骰子结果", "-_-|||你和电脑都输了！")
```

（2）判断当骰子点数之和小于10时电脑和玩家选择的点数，具体代码如下：

```
01    else:  # 如果用户选择点数为小
02        little += 1
03        if y_sel == "大":
04            if s_sel == "小":
05                showinfo("掷骰子结果","哦耶，电脑赢了！")
06            else:
```

211

```
07              showinfo("掷骰子结果","-_-|||你和电脑都输了！")
08          else:
09              if s_sel == "大":
10                  showinfo("掷骰子结果", "恭喜，你赢了电脑！")
11              else:
12                  showinfo("掷骰子结果", "^_^你和电脑打平了！")
```

17.3.4 单击"开始"按钮启动游戏

视频讲解

▶ 视频讲解：资源包\Video\17\17.3.4 单击"开始"进行游戏.mp4

前面分别实现了摇骰子、电脑和玩家选点数，以及判断玩家和电脑的胜负等功能，接下来，还需要实现玩家通过"开始"按钮启动游戏的功能，具体方法是为"开始"按钮绑定 start() 方法，然后在该方法中初始化 count 参数，并且调用 call() 方法启动掷骰子动画，具体代码如下：

```
01  # 开始游戏
02  def start():
03      global y_sel
04      global count
05      count = 0
06      y_sel = option_value()
07      call()
```

第18章

学生成绩管理系统

（ ▶ 视频讲解：1 小时 50 分钟）

本章概览

本章将开发一个学生成绩管理系统。

知识框架

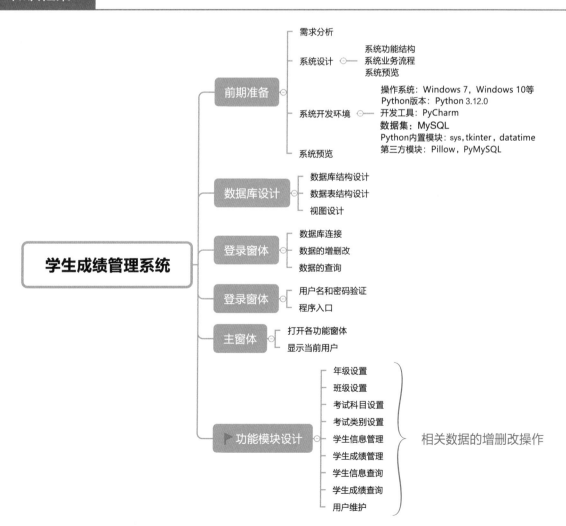

18.1 需求分析

📹 视频讲解：资源包\Video\18\18.1 需求分析.mp4

　　学生成绩管理系统是学生信息管理系统中的一部分。传统的人力管理模式既浪费人力，管理效果又不够明显。为了提高效率，计算机管理系统逐步走进了我们的工作中。本章开发的学生成绩管理系统具有以下功能：

　　　☑ 简单、友好的操作窗体，以方便管理员的日常管理工作。
　　　☑ 整个系统的操作流程简单，易于操作。
　　　☑ 完备的学生成绩管理功能。
　　　☑ 全面的系统维护管理。
　　　☑ 强大的基础信息设置功能。

18.2 系统设计

18.2.1 系统功能结构

📹 视频讲解：资源包\Video\18\18.2.1 系统功能结构.mp4

　　学生成绩管理系统的系统功能结构如图18.1所示。

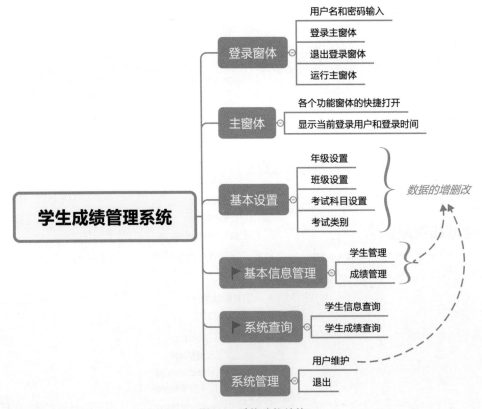

图18.1 系统功能结构

说明　　图中包含▶图标标注的为本系统的核心功能。

18.2.2 系统业务流程

▶ 视频讲解：资源包\Video\18\18.2.2 系统业务流程.mp4

学生成绩管理系统的系统业务流程如图18.2所示。

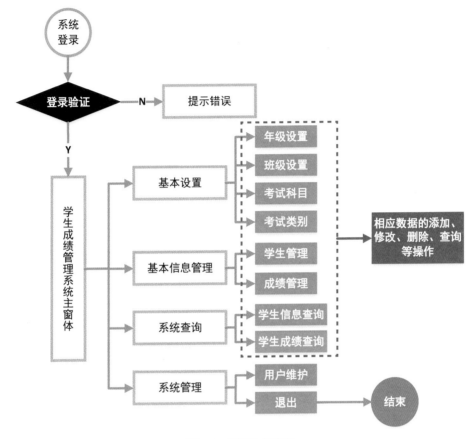

图18.2　系统业务流程

18.2.3 系统预览

▶ 视频讲解：资源包\Video\18\18.2.3 系统预览.mp4

学生成绩管理系统由多个窗体组成，下面对各个窗体主要实现的功能及效果进行说明。
系统登录窗体主要用于限制非法用户进入系统内部，运行效果如图18.3所示。

图18.3　系统登录窗体

系统主窗体的主要功能是调用执行本系统的所有功能，运行效果如图18.4所示。

图18.4 系统主窗体

年级信息设置窗体的主要功能是对年级信息进行增加、修改、删除操作，运行效果如图18.5所示。班级信息设置窗体的主要功能是对班级信息进行增加、修改、删除操作，运行效果如图18.6所示。

图18.5 年级信息设置窗体　　　　　　　　图18.6 班级信息设置窗体

考试科目设置窗体的主要功能是对考试科目信息进行增加、修改、删除操作，运行效果如图18.7所示。考试类别设置窗体的主要功能是对考试类别信息进行增加、修改、删除操作，运行效果如图18.8所示。

图18.7 考试科目设置窗体　　　　　　　　图18.8 考试类别设置窗体

学生信息管理窗体的主要功能是对学生基本信息进行添加、修改、删除操作，运行效果如图18.9所示。

图18.9　学生信息管理窗体

成绩管理窗体的主要功能是对学生成绩信息进行添加、修改、删除操作，运行效果如图18.10所示。

图18.10　成绩管理窗体

学生信息查询窗体的主要功能是查询学生的基本信息，运行效果如图18.11所示。

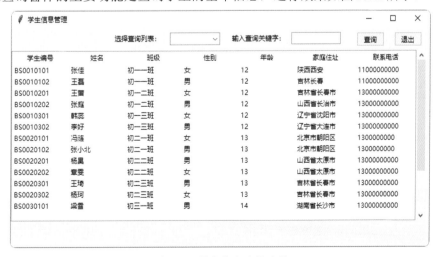

图18.11　学生信息查询窗体

学生成绩查询窗体的主要功能是查询学生的成绩信息，运行效果如图18.12所示。

图18.12 学生成绩查询窗体

用户信息维护窗体的主要功能是对系统的登录用户及对应密码进行添加、修改和删除操作，运行效果如图18.13所示。

图18.13 用户信息维护窗体

18.3 系统开发必备

18.3.1 系统开发环境

📹 视频讲解：资源包\Video\18\18.3.1 系统开发环境.mp4

本系统的软件开发及运行环境具体如下：
- ☑ 操作系统：Windows 10 等。
- ☑ Python 版本：Python 3.12.0。
- ☑ 开发工具：PyCharm。
- ☑ 数据库：MySQL。
- ☑ Python 内置模块：sys，tkinter，datatime。
- ☑ 第三方模块：Pillow，PyMySQL。

 在使用第三方模块时，首先需要使用 pip install 命令安装相应模块。

注意

18.3.2 系统组织结构

📹 视频讲解：资源包\Video\18\18.3.2 系统组织结构.mp4

学生成绩管理系统的系统组织结构如图18.14所示。

图18.14　系统组织结构

18.4 数据库设计

学生成绩管理系统主要用于管理学校的学生成绩信息，因此除了基本的学生信息表，还要设计年级信息表、班级信息表。另外，根据学生的学习成绩结构，需要设计考试科目表、考试类别表和成绩信息表等。

18.4.1 数据库结构设计

视频讲解：资源包\Video\18\18.4.1 数据库结构设计.mp4

本系统采用 MySQL 数据库。学生成绩管理系统的数据库名称为db_student，共包含7张数据表和3个视图，具体结构如图18.15所示。

图18.15　数据库结构

18.4.2 数据表结构设计

视频讲解：资源包\Video\18\18.4.2 数据表结构设计.mp4

图18.15中所包含的7张数据表的详细结构如下。

☑ tb_class（班级信息表）

班级信息表主要用于保存班级信息，其结构如表18.1所示。

表18.1 tb_class表

字 段 名 称	数 据 类 型	长 度	是 否 主 键	描 述
classID	int		是	班级编号
gradeID	int			年级编号
className	varchar	20		班级名称

☑ tb_examkinds（考试类别表）

考试类别表主要用来保存考试类别信息，其结构如表18.2所示。

表18.2 tb_examkinds表

字 段 名 称	数 据 类 型	长 度	是 否 主 键	描 述
kindID	int		是	考试类别编号
kindName	varchar	40		考试类别名称

☑ tb_grade（年级信息表）

年级信息表用来保存年级信息，其结构如表18.3所示。

表18.3 tb_grade表

字 段 名 称	数 据 类 型	长 度	是 否 主 键	描 述
gradeID	int		是	年级编号
gradeName	varchar	20		年级名称

☑ tb_result（成绩信息表）

成绩信息表用来保存学生的成绩信息，其结构如表18.4所示。

表18.4 tb_result表

字 段 名 称	数 据 类 型	长 度	是 否 主 键	描 述
ID	int		是	自动编号
stuID	varchar	20		学生编号
kindID	int			考试类别编号
subID	int			考试科目编号
result	double			考试成绩

☑ tb_student（学生信息表）

学生信息表用来保存学生信息，其结构如表18.5所示。

表 18.5 tb_ student 表

字 段 名 称	数 据 类 型	长　度	是 否 主 键	描　述
stuID	varchar	20	是	学生编号
stuName	varchar	20		学生姓名
classID	int			班级编号
gradeID	int			年级编号
age	int			年龄
sex	char	4		性别
phone	char	20		联系电话
address	varchar	100		家庭地址

☑ tb_subject（考试科目表）

考试科目表主要用来保存考试科目信息，其结构如表 18.6 所示。

表 18.6 tb_subject 表

字 段 名 称	数 据 类 型	长　度	是 否 主 键	描　述
subID	int		是	科目编号
subName	varchar	50		科目名称

☑ tb_user（系统用户表）

系统用户表主要用来保存系统的登录用户相关信息，其结构如表 18.7 所示。

表 18.7 tb_user 表

字 段 名 称	数 据 类 型	长　度	是 否 主 键	描　述
userName	varchar	20	是	用户姓名
userPwd	varchar	50		用户密码

18.4.3 视图设计

▶ 视频讲解：资源包\Video\18\18.4.3 视图设计.mp4

为了使数据查询更方便快捷，减少数据表连接查询带来的麻烦，本系统在数据库中创建了 3 个视图，下面分别介绍。

☑ v_classinfo（班级及年级信息视图）

v_classinfo 视图主要为了查询年级及对应班级的详细信息，创建代码如下：

```
01  DROP VIEW IF EXISTS 'v_classinfo';
02  CREATE VIEW 'v_classinfo'
03  AS
04  select 'tb_class'.'classID' AS 'classID',
05  'tb_grade'.'gradeID' AS 'gradeID',
06  'tb_grade'.'gradeName' AS 'gradeName',
07  'tb_class'.'className' AS 'className'
08  from ('tb_class' join 'tb_grade')
09  where ('tb_class'.'gradeID' = 'tb_grade'.'gradeID') ;
```

☑ v_studentinfo（学生详细信息视图）

v_studentinfo 视图主要为了查询学生的详细信息，创建代码如下：

```
01  DROP VIEW IF EXISTS 'v_studentinfo';
02  CREATE VIEW 'v_studentinfo'
03  AS
04  select 'tb_student'.'stuID' AS 'stuID',
05  'tb_student'.'stuName' AS 'stuName',
06  'tb_student'.'age' AS 'age',
07  'tb_student'.'sex' AS 'sex',
08  'tb_student'.'phone' AS 'phone',
09  'tb_student'.'address' AS 'address',
10  'tb_class'.'className' AS 'className',
11  'tb_grade'.'gradeName' AS 'gradeName'
12  from (('tb_student' join 'tb_class') join 'tb_grade')
13  where (('tb_student'.'classID' = 'tb_class'.'classID') and ('tb_student'.'gradeID' =
        'tb_grade'.'gradeID')) ;
```

☑ v_resultinfo（学生成绩详细信息视图）

v_resultinfo 视图主要为了查询学生成绩相关的详细信息，创建代码如下：

```
01  DROP VIEW IF EXISTS 'v_resultinfo';
02  CREATE VIEW 'v_resultinfo'
03  AS
04  select 'tb_result'.'ID' AS 'ID',
05  'tb_result'.'stuID' AS 'stuID',
06  'v_studentinfo'.'stuName' AS 'stuName',
07  'tb_examkinds'.'kindName' AS 'kindName',
08  'tb_subject'.'subName' AS 'subName',
09  'v_studentinfo'.'className' AS 'className',
10  'v_studentinfo'.'gradeName' AS 'gradeName',
11  'tb_result'.'result' AS 'result'
12  from (((('tb_subject' join 'tb_result') join 'tb_examkinds') join 'v_studentinfo')
13  where (('tb_result'.'stuID' = 'v_studentinfo'.'stuID') and ('tb_result'.'kindID' =
        'tb_examkinds'.'kindID') and ('tb_result'.'subID' = 'tb_subject'.'subID')) ;
```

18.5 公共模块设计

开发 Python 项目时，将常用的代码封装为模块，可以大大提高代码的重用率。本系统中创建了一个 service.py 公共模块，用来连接数据库并实现数据库的添加、修改、删除、模糊查询和精确查询等功能，在实现具体的窗体模块功能时，只需要调用 service.py 公共模块中的相应方法即可。下面对 service.py 功能模块进行讲解。

18.5.1 模块导入及公共变量

 视频讲解：资源包\Video\18\18.5.1 模块导入及公共变量.mp4

由于需要对 MySQL 数据库进行操作，所以在 service.py 公共模块中首先需要导入 PyMySQL 模块，代码如下：

■ 代码位置：资源包\Code\18\studentMS\service\service.py

```
import pymysql        # 导入操作MySQL数据库的模块
```

说明　　PyMySQL 是一个第三方模块，使用之前首先需要安装，安装命令为：pip install PyMySQL。

定义一个全局的变量 userName，用来记录登录的用户名，代码如下：

■ 代码位置：资源包\Code\18\studentMS\service\service.py

```
userName=""        # 记录用户名
```

18.5.2　打开数据库连接

▶ 视频讲解：资源包\Video\18\18.5.2 打开数据库连接.mp4

定义一个 open() 方法，该方法的作用是调用 PyMySQL 模块中的 connect() 方法来连接指定的 MySQL 数据库，并返回一个连接对象，代码如下：

■ 代码位置：资源包\Code\18\studentMS\service\service.py

```
01  # 打开数据库连接
02  def open():
03      db = pymysql.connect(host="localhost",user="root",password="root",database="mydatabase")
04      return db        # 返回连接对象
```

18.5.3　数据的添加、修改、删除

▶ 视频讲解：资源包\Video\18\18.5.3 数据的增、删、改.mp4

定义一个 exec() 方法，实现数据库的添加、修改和删除功能。该方法有两个参数，第一个参数表示要执行的 SQL 语句，第二个参数是一个元组，表示 SQL 语句中需要用到的参数。代码如下：

■ 代码位置：资源包\Code\18\studentMS\service\service.py

```
01  # 执行数据库的添加   修改    删除操作
02  def exec(sql,values):
03      db=open()                        # 连接数据库
04      cursor = db.cursor()             # 使用cursor()方法获取操作游标
05      try:
06          cursor.execute(sql,values)   # 执行操作的SQL语句
07          db.commit()                  # 提交数据
08          return 1                     # 执行成功
09      except:
10          db.rollback()                # 发生错误时回滚
11          return 0                     # 执行失败
12      finally:
13          cursor.close()               # 关闭游标
14          db.close()                   # 关闭数据库连接
```

18.5.4　数据的查询方法

▶ 视频讲解：资源包\Video\18\18.5.4 数据的查询方法.mp4

定义一个 query() 方法，实现带参数的精确查询。该方法有两个参数，第一个参数为要执行的 SQL 查

询语句，第二个参数为可变参数，表示SQL查询语句中需要用到的参数。代码如下：

■ 代码位置：资源包\Code\18\studentMS\service\service.py

```
01  # 带参数的精确查询
02  def query(sql,*keys):
03      db=open()                        # 连接数据库
04      cursor = db.cursor()             # 使用cursor()方法获取操作游标
05      cursor.execute(sql,keys)         # 执行查询SQL语句
06      result = cursor.fetchall()       # 记录查询结果
07      cursor.close()                   # 关闭游标
08      db.close()                       # 关闭数据库连接
09      return result                    # 返回查询结果
```

定义一个query2()方法，实现不带参数的模糊查询。该方法有一个参数，表示要执行的SQL查询语句，SQL查询语句中可以使用like关键字和通配符进行模糊查询。代码如下：

■ 代码位置：资源包\Code\18\studentMS\service\service.py

```
01  # 不带参数的模糊查询
02  def query2(sql):
03      db=open()                        # 连接数据库
04      cursor = db.cursor()             # 使用cursor()方法获取操作游标
05      cursor.execute(sql)              # 执行查询SQL语句
06      result = cursor.fetchall()       # 记录查询结果
07      cursor.close()                   # 关闭游标
08      db.close()                       # 关闭数据库连接
09      return result                    # 返回查询结果
```

18.6 登录模块设计

使用的数据表：tb_user。

18.6.1 登录模块概述

📹 视频讲解：资源包\Video\18\18.6.1 登录模块概述.mp4

登录模块的主要功能就是对输入的用户名和密码进行验证，如果没有输入用户名和密码，或者输入错误，则弹出提示框，否则进入学生成绩管理系统的主窗体，登录模块运行效果如图18.16所示。

图18.16 登录模块效果

18.6.2 模块的导入

视频讲解：资源包\Video\18\18.6.2 模块的导入.mp4

登录模块是在login.py文件中实现的，在该文件中导入公共模块，代码如下：

■ 代码位置：资源包\Code\18\studentMS\login.py

```
01  from tkinter import *
02  from tkinter.ttk import *
03  from PIL import Image, ImageTk
04  from tkinter.messagebox import *
05  from service import service
06  import main
```

说明　由于 service.py 模块在 service 文件夹中，所以使用"from…import…"形式导入。

18.6.3 登录窗体的实现

视频讲解：资源包\Video\18\18.6.3 登录窗体的实现.mp4

首先定义一个类loginStudent，然后在该类中定义一个主方法，实现登录窗体的布局，并且为"登录"按钮和"退出"按钮绑定对应方法，具体代码如下：

■ 代码位置：资源包\Code\18\studentMS\login.py

```
01  class loginStudent():
02      def __init__(self):
03          self.loginwin = Tk()
04          self.loginwin.title("系统登录")
05          self.loginwin.resizable(0, 0)
06          self.loginwin.geometry("360x196")
07          self.img1 = Image.open("images/login.jpg")
08          self.img = ImageTk.PhotoImage(self.img1)
09          # 顶部登录banner
10          Label(self.loginwin,image=self.img).place(x=0, y=0, width=360, height=80)
11          # 用户名
12          Label(self.loginwin,text="用户名：").place(x=120,y=100,width=61,height=21)
13          self.EntryUser = Entry(self.loginwin)                      # 用户名文本框
14          self.EntryUser.place(x=193, y=100, width=141, height=20)
15          Label(self.loginwin, text="密  码：").place(x=119,y=130,width=61,height=21) # 密码
16          self.EntryPwd = Entry(self.loginwin, show="*")             # 密码文本框
17          self.EntryPwd.place(x=192, y=130, width=141, height=20)
18          # 登录按钮
19          Button(self.loginwin, text="登录", command=lambda: self.openMain("")).
    place(x=200, y=160, width=61,height=23)
20          Button(self.loginwin, text="退出", command=self.loginwin.destroy).
    place(x=270, y=160, width=61, height=23)                          # 退出按钮
21          self.EntryPwd.bind("<Return>", self.openMain)             # 为密码框绑定键盘事件
22          self.loginwin.mainloop()
```

18.6.4 判断用户名和密码

📹 视频讲解：资源包\Video\18\18.6.4 判断用户名和密码.mp4

编写openMain()方法，实现当用户按下回车键或者"登录"按钮时，判断用户名和密码是否正确，如果正确则登录成功，反之，则弹出错误提示框。具体代码如下：

■ 代码位置：资源包\Code\18\studentMS\login.py

```
01  def openMain(self,event):
02      service.userName = self.EntryUser.get()              # 全局变量，记录用户名
03      userPwd = self.EntryPwd.get() == ""                  # 记录用户密码
04
05      if service.userName == "" or userPwd == "":
06          showerror("错误", "请输入用户名和密码")
07          return False
08      else:
09          result = service.query("select * from tb_user where userName = %s and
    userPwd = %s", service.userName, userPwd)
10          if len(result) > 0:                              # 如果查询结果大于0，说明存在该用户，可以登录
11              main.mainWindow()
12          else:
13              self.EntryUser.delete(0, END)                # 清空用户名文本
14              self.EntryPwd.delete(0, END)
15              showwarning('警告', '请输入正确的用户名和密码！')
```

说明　由于为"登录"按钮绑定了键盘事件，而键盘事件会将键盘事件对象作为参数传递，因此 openMain() 方法中通过"event"接收该参数。

18.6.5 在Python中启动登录窗体

📹 视频讲解：资源包\Video\18\18.6.5 在python中启动登录窗体.mp4

由于窗体布局及登录功能都是在类loginStudent中，所以启动登录窗口还需要调用该类，具体代码如下：

■ 代码位置：资源包\Code\18\studentMS\login.py

```
loginStudent()
```

18.7 主窗体模块设计

18.7.1 主窗体概述

📹 视频讲解：资源包\Video\18\18.7.1 主窗体概述.mp4

主窗体是学生成绩管理系统与用户交互的一个重要窗口，因此一定要设计合理。该窗体主要包括一个菜单栏，通过其中的菜单项，用户可以打开各个功能窗体，也可以退出本系统。另外，为了界面美观，本程序中为主窗体设置了背景图片，学生成绩管理系统的主窗体效果如图18.17所示。

图18.17　学生成绩管理系统的主窗体

18.7.2　主窗体实现

视频讲解：资源包\Video\18\18.7.2 主窗体实现.mp4

主窗体是在main.py文件中实现的，由于主窗体中需要打开各个功能窗体，因此需要导入项目中创建的窗体对应的模块，并且导入公共服务模块service，代码如下：

■ 代码位置：资源包\Code\18\studentMS\main.py

```
01  from tkinter import *
02  from tkinter.ttk import *
03  from PIL import Image,ImageTk
04  import datetime
05  from service import service
06  from settings import classes, examkinds, grade, subject
07  from baseinfo import result, student
08  from query import resultinfo, studentinfo
09  from system import user
```

主窗体中主要包括背景图片、菜单及系统信息（包括当前登录用户、当前时间、版权信息）三部分，并且通过__init__()方法实现窗体的布局，通过timeUpdate()方法实现每隔一秒就刷新一次时间。首先介绍窗体布局，具体代码如下：

■ 代码位置：资源包\Code\18\studentMS\main.py

```
01  class mainWindow():
02      def __init__(self):
03          self.win = Toplevel()
04          self.win.title("学生成绩管理系统")
05          self.win.iconbitmap("images/appstu.ICO")
06          self.win.geometry("792x583")
07          self.win.after(1000, self.timeUpdate)
08          self.img1 = Image.open("images/main.jpg")
09          self.mainImage1 = ImageTk.PhotoImage(self.img1)
10          self.label = Label(self.win, image=self.mainImage1).place(x=0, y=0,
    width=792, height=544)
11          # 添加系统信息，包括当前用户、时间及版权信息
12          self.labelInfo = Label(self.win, text="当前登录用户：" + service.userName +
    " | 登录时间：" + datetime.datetime.now().strftime('%Y-%m-%d %H:%M:%S') +
    " | 版权所有：吉林省明日科技有限公司")
13          self.labelInfo.place(x=0, y=544, width=792, height=24)
```

说明

该项目中，通过 Tk() 方法创建的根窗口只有一个，即登录窗体，而其他功能窗体都是通过顶层窗口 Toplevel() 实现。

18.7.3 在主窗体中打开其他功能窗体

视频讲解

▶ 视频讲解：资源包\Video\18\18.7.3 在主窗体中打开其他功能窗体.mp4

在 __init__() 方法中添加二级菜单，单击二级菜单的菜单项，即可打开对应功能的窗口，如图 18.18 所示。

图 18.18 "基础设置"菜单下的菜单项

添加菜单通过 Menu 组件实现，在 Menu 组件中可以通过 command 参数为菜单项绑定方法，从而实现单击菜单项打开对应的窗口。在 18.7.2 小节的代码后面添加如下代码：

■ 代码位置：资源包\Code\18\studentMS\main.py

```
01  # 菜单
02  self.menuMain = Menu()
03  self.menu1 = Menu(self.menuMain, tearoff=False)
04  self.menu2 = Menu(self.menuMain, tearoff=False)
05  self.menu3 = Menu(self.menuMain, tearoff=False)
06  self.menu4 = Menu(self.menuMain, tearoff=False)
07  self.menuMain.add_cascade(label="基础设置", menu=self.menu1)
08  self.menuMain.add_cascade(label="基本信息设置", menu=self.menu2)
09  self.menuMain.add_cascade(label="系统查询", menu=self.menu3)
10  self.menuMain.add_cascade(label="系统管理", menu=self.menu4)
11  # 二级菜单
12  self.actionGrade = Menu(self.menu1, tearoff=False)
13  self.actionClass = Menu(self.menu1, tearoff=False)
14  self.actionSubject = Menu(self.menu1, tearoff=False)
15  self.actionExamkinds = Menu(self.menu1, tearoff=False)
16  self.actionStudent = Menu(self.menu2, tearoff=False)
17  self.actionResult = Menu(self.menu2, tearoff=False)
18  self.actionStudentInfo = Menu(self.menu3, tearoff=False)
19  self.actionResultInfo = Menu(self.menu3, tearoff=False)
20  self.actionUserInfo = Menu(self.menu4, tearoff=False)
21  self.actionExit = Menu(self.menu4, tearoff=False)
22  # 定义二级菜单上显示的文字及执行的事件（跳转到相应窗口）
23  self.menu1.add_command(label="年级设置", command=grade.mainWindow)
24  self.menu1.add_command(label="班级设置", command=classes.mainWindow)
25  self.menu1.add_command(label="考试科目设置", command=subject.mainWindow)
26  self.menu1.add_command(label="考试类别", command=examkinds.mainWindow)
27  self.menu2.add_command(label="学生管理", command=student.mainWindow)
28  self.menu2.add_command(label="成绩管理", command=result.mainWindow)
29  self.menu3.add_command(label="学生信息查询", command=studentinfo.mainWindow)
```

```
30    self.menu3.add_command(label="学生成绩查询", command=resultinfo.mainWindow)
31    self.menu4.add_command(label="用户维护", command=user.mainWindow)
32    self.menu4.add_command(label="退出", command=self.win.destroy)
33    self.win.mainloop()
```

18.7.4 显示当前登录用户和登录时间

▶ 视频讲解：资源包\Video\18\18.7.4 显示当前登录用户和登录时间.mp4

在主窗体的下方显示当前的登录用户、登录时间和版权信息。其中，通过公共模块 service 中的全局变量 userName 获取当前登录用户；通过 datetime 模块中的 datatime 类的 now() 方法获取本地时间；通过 tkinter 模块中的 after() 实现每隔一秒就重新获取一次本地时间。代码如下：

■ 代码位置：资源包\Code\18\studentMS\main.py

```
01    # 显示时间
02    def timeUpdate(self):
03        global labelInfo
04        self.time = datetime.datetime.now().strftime('%Y-%m-%d %H:%M:%S')
05        self.labelInfo.config(text="当前登录用户: " + service.userName + " | 登录时间: " +
      self.time + " | 版权所有：吉林省明日科技有限公司")
06        self.win.after(100, self.timeUpdate)    # 每隔一秒时间变化一次
```

18.8 学生成绩管理模块设计

使用的数据表：tb_result，tb_student，tb_grade，tb_examkinds，tb_subject，v_resultinfo，v_studentinfo。

18.8.1 学生成绩管理模块概述

▶ 视频讲解：资源包\Video\18\18.8.1 学生成绩管理模块概述.mp4

学生成绩管理模块用来管理学生的成绩信息，包括学生成绩信息的添加、修改、删除、基本查询等功能。在系统主窗体的菜单栏中选择"基本信息管理"→"成绩管理"菜单项，就可以进入该模块，其运行效果如图 18.21 所示。

图18.21　学生成绩管理模块

18.8.2 窗体的初始化

📹 视频讲解：资源包\Video\18\18.8.2 窗体的初始化.mp4

　　学生成绩管理模块是在result.py文件中实现的，该模块在加载时，首先需要显示所有的考试类别、考试科目、学生姓名和年级名称。该功能主要是通过两个自定义的方法bindCbox()和bindGrade()实现的，其中，bindCbox()方法用来显示所有的考试类别、考试科目和学生姓名；bindGrade()方法用来显示所有的年级名称。bindCbox()和bindGrade()方法的实现代码如下：

■ 代码位置：资源包\Code\18\studentMS\baseinfo\result.py

```
01   # 获取所有年级，将其显示在下拉列表中
02   def bindGrade(self):
03       result = service.query("select gradeName from tb_grade")   # 从年级表中查询数据
04       self.cbGrade["value"] = ("所有",) + result
05   def bindCbox(self, event):
06       result = service.query("select kindName from tb_examkinds") # 从考试类别表中查询数据
07       self.cbExam["value"] = ("所有",) + result
08       result = service.query("select subName from tb_subject")    # 从考试科目表中查询数据
09       self.cbSub["value"] = result
10       self.cbname["value"] = result
```

18.8.3 显示指定年级的指定班的所有学生姓名

📹 视频讲解：资源包\Video\18\18.8.3 显示指定年级的指定班的所有学生姓名.mp4

　　当用户在学生成绩管理模块中选择年级和班级后，将在"学生姓名"下拉列表中自动显示所选年级和班级的所有学生姓名，该功能是通过自定义的bindStuName()方法实现的。该方法根据所选的年级和班级从v_studentinfo学生信息视图中获取学生姓名，并显示在下拉列表中。具体代码如下：

■ 代码位置：资源包\Code\18\studentMS\baseinfo\result.py

```
01   # 根据班级显示学生
02   def bindStuName(self, event):
03       # self.cboxStuName.clear()  # 清空列表
04       result = service.query("select stuName from v_studentinfo where gradeName=%s and
     className=%s",self.cbgradeKinds.get(),self.cbclassKinds.get())# 从学生信息视图中查询数据
05       self.cbname["value"] = ("所有",) + result
```

18.8.4 根据指定条件查询成绩信息

📹 视频讲解：资源包\Video\18\18.8.4 根据指定条件查询成绩信息.mp4

　　学生成绩管理模块加载时会显示所有的学生成绩信息，而在选择了考试类别、年级和班级后，单击"刷新"按钮，可以根据用户的选择，查询指定条件的学生成绩信息，该功能主要是通过自定义的query()方法实现的。该方法通过调用service公共模块中的query()方法执行相应的SQL查询语句，并将查询到的学生成绩信息显示在表格中。具体代码如下：

■ 代码位置：资源包\Code\18\studentMS\baseinfo\result.py

```
01   # 查询学生成绩信息，并显示在表格中
02   def query(self):
03       item_num = len(self.tree.get_children())
04       kindname = self.cbexamkinds.get()    # 记录选择的考试类别
```

```
05        gradename = self.cbgradeKinds.get()          # 记录选择的年级
06        classname = self.cbclassKinds.get()          # 记录选择的班级
07        if kindname == "所有":
08            if gradename == "所有":
09                if classname == "所有" or classname == "":
10                    # 获取所有学生的成绩信息
11                    result = service.query("select ID,stuID,stuName,CONCAT(gradeName,
   className),subName,kindName,result from v_resultinfo")
12                else:
13                    # 获取指定班级的成绩信息
14                    result = service.query("select ID,stuID,stuName,CONCAT(gradeName,
   className),subName,kindName,result from v_resultinfo where className=%s", classname)
15            else:
16                if classname == "所有":
17                    # 获取指定年级的成绩信息
18                    result = service.query("select ID,stuID,stuName,CONCAT(gradeName,
   className),subName,kindName,result from v_resultinfo where gradeName=%s", gradename)
19                else:
20                    # 获取指定年级指定班的成绩信息
21                    result = service.query("select ID,stuID,stuName,CONCAT(gradeName,
   className),subName,kindName,result from v_resultinfo where gradeName=%s and
   className=%s", gradename, classname)
22        else:
23            if gradename == "所有":
24                if classname == "所有" or classname == "":
25                    # 获取指定考试类别的所有学生成绩信息
26                    result = service.query("select ID,stuID,stuName,CONCAT(gradeName,
   className),subName,kindName,result from v_resultinfo where kindName=%s", kindname)
27                else:
28                    # 获取指定考试类别的指定班级的成绩信息
29                    result = service.query("select ID,stuID,stuName,CONCAT(gradeName,
   className),subName,kindName,result from v_resultinfo where kindName=%s and
   className=%s", kindname, classname)
30            else:
31                if classname == "所有":
32                    # 获取指定考试类别的指定年级的成绩信息
33                    result = service.query("select ID,stuID,stuName,CONCAT(gradeName,
   className),subName,kindName,result from v_resultinfo where kindName=%s and
   gradeName=%s", kindname, gradename)
34                else:
35                    # 获取指定考试类别的指定年级的指定班的成绩信息
36                    result = service.query("select ID,stuID,stuName,CONCAT(gradeName,
   className),subName,kindName,result from v_resultinfo where kindName=%s and
   gradeName=%s and className=%s", kindname, gradename, classname)
37        row = len(result)                            # 取得记录个数，用于设置表格的行数
38        if item_num > 0:                             # 清空上一次显示的数据信息
39            for item in self.tree.get_children():
```

```
40              self.tree.delete(item)
41      for i in range(row):                              # 遍历行
42          self.tree.insert("", END, values=result[i])
43      # 清空文本框及下拉选项中选中的内容
```

18.8.5 添加学生成绩信息

视频讲解：资源包\Video\18\18.8.5 添加学生成绩信息.mp4

在添加学生成绩信息时，首先需要判断是否已经添加了该学生在指定类别及科目下的成绩，这里
定义一个getScore()方法，根据学生编号、考试类别编号和考试科目编号在成绩信息表中查询数据，并
返回查询结果的数量，如果该数量大于0，说明已经存在；否则，可以正常进行添加操作。具体代码如下：

■ 代码位置：资源包\Code\18\studentMS\baseinfo\result.py

```
01  # 判断要添加的记录是否存在
02  def getScore(self, sid, kindid, subid):
03      # 根据年级编号和班级名查询数据
04      result = service.query("select * from tb_result where stuID =%s and kindID=%s and
    subID=%s", sid, kindid, subid)
05      return len(result)                              # 返回查询结果的记录
```

单击"添加"按钮，可以将用户选择和输入的信息添加到学生成绩信息表中，该功能主要是通过
自定义的add()方法实现的。在add()方法中，首先需要调用自定义的getScore()方法判断是否可以正常
添加，如果可以，则调用service公共模块中的exec()方法执行添加学生成绩信息的SQL语句，并刷新
表格，以显示最新添加的成绩信息。具体代码如下：

■ 代码位置：资源包\Code\18\studentMS\baseinfo\result.py

```
01  # 添加学生成绩信息
02  def add(self):
03      subname = self.cbSubKinds.get()              # 记录考试科目
04      kindname = self.cbexamkinds.get()            # 记录考试类别
05      gradename = self.cbgradeKinds.get()          # 记录年级
06      classname = self.cbclassKinds.get()          # 记录班级
07      stuname = self.cbnameset.get()               # 记录学生姓名
08      score = self.tbResult.get()                  # 记录输入的分数
09      if kindname != "所有":                        # 如果选择了考试类别
10          # 获取选择的考试类别对应ID
11          result = service.query("select kindID from tb_examkinds where kindName=%s", kindname)
12          if len(result) > 0:
13              kindID = result[0]
14              if subname != "所有":                # 如果选择了考试科目
15                  # 获取选择的考试科目对应ID
16                  result = service.query("select subID from tb_subject where
    subName=%s", subname)
17                  if len(result) > 0:
18                      subID = result[0]
19                      if stuname != "":            # 如果选择了学生姓名
20                          # 获取学生对应的ID
```

```
21              result = service.query("select stuID from v_studentinfo
     where gradeName=%s and className=%s and stuName=%s", gradename, classname, stuname)
22                      if len(result) > 0:              # 如果结果大于0
23                          stuID = result[0]            # 记录选择的学生对应的ID
24                          # 判断是否已经存在相同记录
25                          if self.getScore(stuID, kindID, subID) <= 0:
26                              if score != "":          # 如果输入了分数
27                                  # 执行添加语句
28                                  result = service.exec("insert into
     tb_result(stuID,kindID,subID,result) values (%s,%s,%s,%s)", (stuID, kindID, subID, score))
29                                  if result > 0:       # 如果结果大于0，说明添加成功
30                                      self.query()     # 在表格中显示最新数据
31                                      showinfo('提示', '信息添加成功！')
32                              else:
33                                  showwarning('警告', '请输入分数！')
34                          else:
35                              showwarning('警告', '该学生成绩记录已经存在，请核查！')
36                      else:
37                          showwarning('警告', '请先选择学生！')
38              else:
39                  showwarning('警告', '请先选择考试科目！')
40          else:
41              showwarning('警告', '请先选择考试类别！')
```

18.8.6 修改学生成绩信息

视频讲解

▶ 视频讲解：资源包\Video\18\18.8.6 修改学生成绩信息.mp4

单击"修改"按钮，可以修改指定学生的成绩信息，该功能主要是通过自定义的edit()方法实现的。在edit()方法中，首先需要判断是否选择了要修改的记录，如果没有，弹出信息提示；否则，执行update语句修改tb_result数据表中的指定记录并且刷新表格，以显示修改指定学生成绩后的最新数据。具体代码如下：

■ 代码位置：资源包\Code\18\studentMS\baseinfo\result.py

```
01  # 修改学生成绩信息
02  def edit(self):
03      try:
04          if self.tree.focus() != "":              # 判断是否选择了要修改的数据
05              item = self.tree.set(self.tree.focus())
06              ID = item["Id"]
07              # ID = self.select              # 记录要修改的编号
08              score = self.tbResult.get()          # 记录成绩
09              # 执行修改操作
10              result = service.exec("update tb_result set result=%s where ID=%s",
     (score, ID))
11              if result > 0:                       # 如果结果大于0，说明修改成功
12                  self.query()                     # 在表格中显示最新数据
```

```
13              showinfo('提示', '信息修改成功！')
14          except:
15              showwarning('警告', '请先选择要修改的数据！')
```

18.8.7 删除学生成绩信息

▶ 视频讲解：**资源包\Video\18\18.8.7 删除学生成绩信息.mp4**

单击"删除"按钮，可以删除指定学生的成绩信息，该功能主要是通过自定义的delete()方法实现的。在delete()方法中，首先需要判断是否选择了要删除的记录，如果没有，弹出信息提示；否则，执行delete语句删除tb_result数据表中的指定记录并且刷新表格，以显示删除指定学生成绩后的最新数据。具体代码如下：

■ 代码位置：资源包\Code\18\studentMS\baseinfo\result.py

```
01  # 删除学生成绩信息
02  def delete(self):
03      try:
04          if self.tree.focus() != "":             # 判断是否选择了要删除的数据
05              # 执行删除操作
06              result = service.exec("delete from tb_result where ID= %s",
    (self.tree.set(self.tree.focus())["Id"]))
07              if result > 0:                        # 如果结果大于0，说明删除成功
08                  self.query()                     # 在表格中显示最新数据
09                  showinfo('提示', '信息删除成功！')
10      except:
11          showwarning('警告', '请先选择要删除的数据！')
```

18.9 成绩信息查询模块设计

使用的数据表：tb_examkinds，tb_subject，v_resultinfo。

18.9.1 成绩信息查询模块概述

▶ 视频讲解：**资源包\Video\18\18.9.1 成绩信息查询模块概述.mp4**

成绩信息查询模块用来根据学生姓名、考试类别和考试科目查询学生的成绩信息。在系统主窗体的菜单栏中选择"系统查询"→"学生成绩查询"菜单项，就可以进入该模块，其运行效果如图18.23所示。

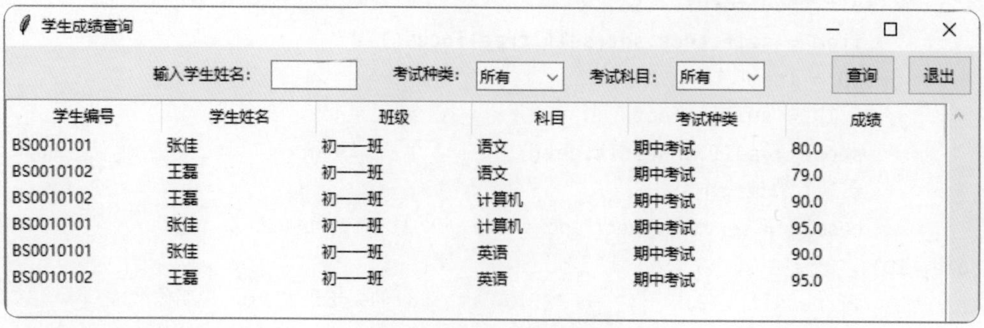

图18.23 成绩信息查询模块

18.9.2 初始化考试类别和科目列表

视频讲解：资源包\Video\18\18.9.2 初始化考试类别和科目列表.mp4

在成绩信息查询模块加载时，首先显示所有的考试类别和考试科目，这主要是通过自定义的bingCbox() 方法实现的。在该方法中，使用公共模块service中的query()方法分别从tb_examkinds和tb_subject数据 表中获取所有的考试类别名称和考试科目名称，并分别绑定到相应的下拉列表中，代码如下：

■ 代码位置：资源包\Code\18\studentMS\query\resultinfo.py

```
01  def bindCbox(self):
02      result = service.query("select kindName from tb_examkinds")  # 从考试类别中查询数据
03      self.cbGrade["value"] = ("所有",) + result
04      result = service.query("select subName from tb_subject")  # 从考试科目中查询数据
05      self.cbClass["value"] = ("所有",) + result
```

18.9.3 成绩信息查询功能的实现

视频讲解：资源包\Video\18\18.9.3 成绩信息查询功能的实现.mp4

学生成绩信息的查询功能主要是通过自定义的query()方法实现的，在查询学生成绩信息时，有六 种情况，分别如下：

☑ 查询所有学生成绩信息：调用公共模块service中的query()方法精确查询。

☑ 根据考试科目查询成绩信息：调用公共模块service中的query()方法精确查询。

☑ 根据考试类别查询成绩信息：调用公共模块service中的query()方法精确查询。

☑ 根据学生姓名查询成绩信息：调用公共模块service中的query2()方法模糊查询。

☑ 根据学生姓名和考试科目查询成绩信息：调用公共模块service中的query2()方法模糊查询。

☑ 根据学生姓名、考试科目和考试类别查询成绩信息：调用公共模块service中的query2()方法模 糊查询。

成绩信息查询模块resultinfo.py中的query()方法的具体代码如下：

■ 代码位置：资源包\Code\18\studentMS\query\resultinfo.py

```
01  # 查询成绩信息，并显示在表格中
02  def query(self):
03      stuname = self.enName.get()            # 记录查询的学生姓名
04      kindname = self.cbexamKinds.get()      # 记录选择的考试种类
05      subname = self.cbsubKinds.get()        # 记录选择的考试科目
06      if stuname == "":
07          if kindname == "所有":
08              if subname == "所有":
09                  # 查询所有成绩信息
10                  result = service.query("select stuID,stuName,CONCAT(gradeName,
    className),subName,kindName,result from v_resultinfo")
11              else:
12                  # 根据考试科目查询成绩信息
13                  result = service.query("select stuID,stuName,CONCAT(gradeName,
    className),subName,kindName,result from v_resultinfo where subName=%s",
14                      subname)
15          else:
16              # 根据考试类别查询成绩信息
```

```
17              result = service.query("select stuID,stuName,CONCAT(gradeName,className),
    subName,kindName,result from v_resultinfo where kindName=%s",
18                  kindname)
19      else:
20          if kindname == "所有":
21              if subname == "所有":
22                  # 根据学生姓名查询成绩信息
23                  result = service.query2("select stuID,stuName,CONCAT(gradeName,className),
    subName,kindName,result from v_resultinfo where stuName like '%" + stuname + "%'")
24              else:
25                  # 根据学生姓名和考试科目查询成绩信息
26                  result = service.query2("select stuID,stuName,CONCAT(gradeName,
    className),subName,kindName,result from v_resultinfo where stuName like '%" + stuname +
    "%' and subName='" + subname + "'")
27          else:
28                  # 根据学生姓名、考试科目和考试类别查询成绩信息
29                  result = service.query2("select stuID,stuName,CONCAT(gradeName,className),
    subName,kindName,result from v_resultinfo where stuName like '%" + stuname + "%' and
    subName='" + subname + "' and kindName='" + kindname + "'")
30      row = len(result)                           # 取得记录个数，用于设置表格的行数
31      if (len(self.tree.get_children()) > 0):
32          for it in self.tree.get_children():
33              self.tree.delete(it)                # 清空表格中的所有行
34      for items in range(row):                    # 遍历行
35          self.tree.insert("", END, value=result[items])
```